〃動物翻訳家〃
と暮らす
動物

〝お立ち台〟で来園者を迎える埼玉県こども動物自然公園のペンギンたち

今は穏やかに暮らす、日立市かみね動物園のチンパンジー。それぞれにドラマがある

京都市動物園の優しく大らかなカップル、キヨミズとミライ。6頭の子宝に恵まれた

大空を羽ばたく秋吉台サファリランドのアフリカハゲコウ

温帯エリアに生息するフンボルトペンギン。動物園に野生環境が再現されている

かみね動物園で暮らすマツコ。子ども時代を動物ショーのスターとして過ごし、チンパンジー社会を知らないまま成長。同園にやって来て、初めて群れの生活になじむことができた

飼育員との信頼関係を築いて、フリーフライト公開を実現させたアフリカハゲコウのキンとギン

飼育員の愛情たっぷりに育ったキリンたち。来園者の前でもリラックスしている

見事なモデル歩き（？）を披露する〈ペンギンヒルズ〉の人気者ペンペン

動物翻訳家

心の声をキャッチする、飼育員のリアルストーリー

片野ゆか

集英社文庫

目次

動物翻訳家

心の声をキャッチする、飼育員のリアルストーリー

プロローグ

～動物と人間、ふたつの世界をつなぐ人々の仕事～

動物園、と聞いて、あなたは何を思い浮かべるでしょうか？

ゾウやライオン、キリンなど、世界各地に生息する動物が飼育されている場所。動物たちの独特のしぐさに心癒《いや》されたり、迫力のある姿や声に圧倒されたり、ユニークな生態に知的好奇心を刺激されたり……。初めて見る動物に心躍らせた、幼い頃の記憶と結びつける人も多いと思います。

かつて動物園は、この国で絶大な人気を集めるスポットのひとつでした。おそらく誰もが出かけたことがあって、機会があれば二度、三度くりかえし訪れるところ。さらに話題の動物がやってくれば、それを見ようとする人々が長蛇の列をつくりました。

そんな動物園に転機が訪れたのは、一九九〇年頃のことです。

動物を檻《おり》に入れて並べるという昔ながらの展示スタイルが続いてきたことで、施設としての魅力が大幅に色あせていったのです。せっかく動物園に足を運んでも、動物たちは眠っているかボンヤリとたたずむばかり。退屈そうな彼らの姿は、来園者にとってもまた退屈です。

動いている動物たちも同じ場所を何度も行ったり来たり、首を上下に振り続けるなど、なにやら奇妙な行動をくりかえしています。なぜ彼らはそんなことをしているのか？詳しい理由はわからないけれど、少なくともそこにいる動物たちから幸せな空気を感じることは難しい。そんなチクリとした想《おも》いを抱《いだ》く人が増えていったことも、人気の低迷に深く関係していたのでしょう。

一方で、各地に新しいレジャー施設がオープンするなど、世の中の多様化がすすみます。それにともない全国の動物園の来園者は減少の一途をたどり、それに歯止めをかけるすべもなく時代は二十一世紀へと移ります。すでに動物園は慢性的な予算不足で、動物たちが暮らす施設や展示スペースのメンテナンス、新設などはますます難しい状況。こうして老朽化が進むことによって、いっそう人々の足が遠のくという悪循環へとおちいっていきました。

最初に打撃を受けたのは、民間動物園です。集客が落ちればそのまま経営難になり、動物の飼料代を確保することさえ難しい。地方の小規模な園をはじめ、有名な動物園のいくつかが閉鎖されることになりました。市などの予算で運営されている行政の動物園は、なんとか存続していましたが、それでも議会で新たな予算を確保することは認められず、結果的に閉園を余儀なくされるところも少なくありませんでした。

このような危機的状況のなか、関係者のあいだでは動物園の存在意義について議論がくりかえされました。動物園の役割とは何なのか？　多くの動物を集めたこの場所から、何を発信していくべきなのか？　そもそも動物園に何ができるのか？

飼育動物のなかには、絶滅が危惧《きぐ》されているものが数多くふくまれています。そのことから〝種《しゅ》の保存〟つまり繁殖は、昔から動物園に与えられた使命のひとつといわれてきましたが、目立った成果につながるケースは限られていました。

このままでは動物園は不用のものになり、やがて世間から忘れ去られてしまう。多くの人に「行ってみたい」「また来たい」と思ってもらうためには、どうすればいいのだろう？　動物園関係者のなかには、その答えを求めて北米など海外の情報に注目する動きもありました。しかし、現地と日本では資源やスペース、人材、予算、動物に対する考え方など、あらゆるものが違いすぎ、そのままのスタイルを取り入れるのは、現実的とはいえませんでした。

それでも注目すべきものはありました。それは〝環境エンリッチメント〟という概念で、動物園の飼育環境を充実させて動物たちの精神的・身体的な健康を向上させる取り組みのことです。

近年、野生動物の生態研究がすすみ、動物園では健康で長生きをする動物が増えています。しかし、解決できない問題も数多くあります。繁殖行動ができない、正常に発育しない、けんかが多い、執拗《しつよう》に攻撃をくりかえす、意味もなく同じ場所を行き来するなど、動物園で飼育される動物特有の問題行動です。

原因は複合的ですが、ひとつ大きな理由として指摘されることがあります。それは、動物園の生活があまりに単調だということです。

動物が受ける苦痛をできるだけ少なくして、心身ともに健全な生活ができるようにすることを動物福祉と呼び、ここ数年は日本国内でも認知されるようになってきました。環境エンリッチメントは、動物福祉の立場から、飼育動物たちの〝幸福な暮らし〟を実現するための具体的な方策のこと。限られたスペースで長い時間を過ごす動物たちの日々に、刺激や楽しめる時間を少しでも増やしていこうというものなのです。

とはいえ動物園の飼育現場で働く人々にとって、こうした取り組みは特別に目新しいことではありませんでした。自分が担当する動物が少しでも快適に暮らせるように創意工夫することは、意欲と向上心のある飼育員にとっては、あたりまえのことだったからです。でも今までは、動物たちを幸せにする創意工夫について、特定の呼び名はありませんでした。それが決まることで日本の動物園は大きく変わりました。飼育の現場に何が必要なのか、多くの人が共通認識を持てるようになったことによって、職場のなかで意義のある仕事として評価されるようになったのです。

環境エンリッチメントのいいところは、たとえスペースや予算が限られていても、飼育員の努力と工夫しだいでかならず実践できることがあるという点です。エサの時間を一日複数回に分ける、木材やタイヤなど好みそうなものを置く、簡易プールや氷などをイベント的に与える、遊び道具を手作りする、見晴らし台や隠れ場所など安心スポットを増やす――。

本来の行動や生態、個体の好みなどに合わせて創意工夫を重ねることで、動物たちはあきらかに変わっていきました。これまでにないイキイキとした表情やダイナミックな行動、ユーモアたっぷりのしぐさを見せはじめたのです。ストレスから解放されたことで見た目にも健康的になり、さらに行ったり来たりをくりかえすといった常同行動が緩和され、繁殖や育児に関する問題の解決にもつながっていきました。日本の動物園は、少しずつ新しい時代へと動いていったのです。

「最近、動物園が面白い」

そんな声が聞こえはじめたのは、今から十年ほど前のことです。

ムーブメントの発端《ほったん》は、日本最北端の動物園で知られる北海道旭川市《あさひかわし》の旭山《あさひやま》動物園。動物たちの行動生態を理解した施設を新しくつくり、動物がみずから活発に動く様子を来園者の目の前で見せるという展示方法が、多くの人の心をつかみました。親子連れはもちろん、大人の来園者がリピーターとなり、さらに観光スポットとしても注目され、国内外から多くの人が訪れるようになったのです。

これは環境エンリッチメントを基盤にした〝行動展示〟と呼ばれるスタイルで、再建をめざす全国の動物園に大きな影響を与え、やがて日本の動物園が得意とする展示手法になりました。

しかし施設のデザインや展示方法をそのまま真似《まね》ても、魅力的な動物園はつくれません。もっとも大切なのは、目の前の動物たちの快適さを追求し続けようとする、現場で働く人々の総合的な仕事力。現在、「面白い」といわれる動物施設のすべては、この力にささえられているといっても大げさではないのです。

楽しい、嬉《うれ》しい、気分がいい——。

動物たちがそう感じる環境をつくるためには、彼らの気持ちや本音を理解しなければなりません。もちろん言葉で伝えてくれるわけではないので、人間は使えるかぎりの能力と感覚を総動員して動物たちによりそいます。そこでは鋭い観察力や豊かな想像力、深い感受性、失敗を恐れない勇気と行動力が求められます。こうして数々のプロセスを経て、ようやく動物たちの本音や気持ちがわかってくるのです。

しかし動物に向き合っているだけでは、物事は動きません。動物の気持ちを反映した施設づくりや展示方法を実現させるためには、動物園という組織のなかで多くの人間を説得する必要があります。運営や経営に関わる問題をクリアすることも大切で、そこを訪れる来園者の満足につながることもはずせないポイントになります。

　つまり魅力的な動物園をつくることは、動物の世界と人間の世界をつなぐ、大胆にして緻密《ちみつ》な翻訳作業といえるのです。

　〝翻訳家〟である主人公の職業は飼育員です。彼らは、動物たちとどのようにつきあい、その想いを理解するのでしょう？　それを人間の言葉に置き換え、組織を動かすことによって、どのように動物たちの幸せを追求していったのでしょうか？

　これから始まるのは、誰もが知る場所でおこっている、今まで誰も知らなかった本当の話。

ペンギン

その1
緑のペンギン島

強いうねりに持ち上げられたボートは、小さな波をひとつだけ越えたあと、船底にズシンと衝撃をくらった。

小山良雄《こやまよしお》は、手すりを握る手に力をこめながら足を踏ん張った。そのわきで白波が砕け散る。出航した浜の凪《なぎ》からは、予想できない荒波だ。定員十名ほどのボートの舳先《へさき》に、やがてゴツゴツとした岩肌が迫ってきた。船頭が指さす先に、無数の白っぽい点のようなものが見える。

小山は、ボートの揺れに必要以上に抗《あらが》わないようにしながら双眼鏡をのぞきこんだ。頭から背中にかけては黒、クチバシの根元は薄いピンク、白い胸の上部に刷毛《はけ》で描いたようなラインが入り、その下に黒胡麻《くろごま》を散らしたような模様が見える。

間違いない、レンズ越しに見えるのはフンボルトペンギンの群れだ。

ここは南米チリ・チロエ島のプニウィル保護区。チリは太平洋に面した細長い国だ。その国土は、南米大陸最南端のホーン岬まで及ぶ。北の隣国はペルー。東側はボリビアとアルゼンチンだ。

日本からは、アメリカ経由でチリの首都サンティアゴまで二十五時間以上。チロエ島には、そこから国内線で約二時間のプエルトモンまで南下して、さらに車とフェリーで二、三時間かかる。島の中心地から一時間ほど車を走らせた海岸からボートで入るプニウィル保護区は、野生のフンボルトペンギン生息地の南限といわれているところだ。

二〇一一年一月。小山は、数日前から職場トップの日橋一昭《にっぱしかずあき》、ペンギン研究者の上田《うえだ》一生《かずおき》とともに、この地を訪れていた。

ボートがさらに島に接近すると、やがて肉眼でもペンギンたちの様子が確認できるようになった。夕方、六時半すぎ。エサを求めて朝から海に出かけていたペンギンたちが、巣に戻ってくる時間だ。

岸壁に近づくと波はさらに高くなる。ペンギンたちは、その力をうまく利用して跳びあがるように上陸していく。水からあがってまずは羽の手入れを始める。汚れをつけたまま戻ると、巣が不衛生になるからだ。クチバシで入念にゴミを取り払うと、太陽に向かってフリッパー（両翼）を広げて乾燥させる。いつのまにか岩場は、海からあがったペンギンたちでいっぱいになっていた。

ようやく体がきれいになると、集団は岩場を登りはじめる。フリッパーでうまくバランスをとりながら、一歩ずつ足元を確認するように進む。

ペンギンの生息地と聞くと、多くの人は南極など氷の世界を想像するだろう。だがこコチロエ島は、分厚い氷の世界とは正反対の世界といってもいい。プニウィル保護区の島は、上部に行くほど樹木や草が増えていく。真夏である今は、深い緑の葉がこんもりと茂っている。そのためここは、別名〝緑のペンギン島〟と呼ばれているのだ。

ペンギンたちは、隊列を組むように緑豊かな岩場を登っていく。段差が大きかったり足場が悪い難所なのだろうか、ところどころで渋滞がおこっている。だがそれを回避して、独自のルートをとるペンギンは見あたらない。

「あれが〝ペンギン道《みち》〟ですよ」

上田の説明に、小山と日橋は「おぉ」と唸《うな》りながら頷《うなず》いた。

ペンギンは群れで暮らす動物だ。子育てをする営巣地とエサ場になる海を何度も往復しながら、彼らは何世代にもわたって命をつないできた。今、目の前のペンギンたちが歩いているのは、何千年もの昔から仲間が踏み固めてきたもっとも安全な道なのだ。

岩場の上部に到達したペンギンたちは、やがてそれぞれの巣をめざして分かれていく。草が生い茂っているのでわかりにくいが、注意深く観察すると、ところどころに横穴がある。それはペンギンたちが、自分たちで掘った穴。ここは日当たりと水はけ、風通しの良い、最高の営巣地なのだ。

「これ、なのか……！」

感動と呼ぶのも、やや生ぬるい。小山は、生まれて初めて目にする光景に完全に圧倒されていた。緑豊かな島で暮らすペンギンの姿は、なんと健気《けなげ》で力強いのだろう。

隣の日橋も同じ思いなのか、満足そうな表情ながらいつにも増して眼力《めぢから》が強くなっている。

「小山、こういうのつくりたいな！」

「はい！」

そのとき小山は、心の奥で何かが躍動するような、これまでに経験したことのない興奮を覚えていた。

＊

小山の職場は、埼玉県東松山市《ひがしまつやまし》の広大な丘陵地にある。

最寄り駅は、池袋から東武東上線の急行で五十分の高坂《たかさか》駅。そこから五分ほどバスに揺られると埼玉県こども動物自然公園の正門前に着く。

ここの飼育員として働いて十数年、これまでネズミなどの小動物からレッサーパンダ、ミーアキャット、シロフクロウなどの鳥類、ウシやウマといった大動物まで多種多様な動物の世話を担当してきた。

そんな小山に日橋が声をかけたのは、二〇一〇年はじめのことだった。

「新しくペンギン舎をつくるための会議がある。参加してみないか」

それまでこの動物園で、ペンギンを飼育したことはない。

小山にとっては、計画そのものが初耳だった。もちろん飼育員としてペンギンについての知識はゼロ。そんな自分が会議に出て何ができるのか？　戸惑いはあったが、豊富なキャリアを持つ憧《あこが》れの上司に声をかけられたら、「はい」と言うほかなかった。

日橋が園長になったのは、二〇〇七年のことだ。

動物園は教育を含む情報発信の場所である、という考えから日橋は、現場で得た知識や体験を独自の視点で来園者やマスコミの前で披露することをいとわない。飾らない人柄とユニークな語り口が人気の名物園長として、業界内外で知られた人物だ。

その一方で、新しい企画や展示で集客を増やすなど、経営者としての手腕も認められている。園長就任の前年度、約五十万人だった来園者は、以降ジワジワと増加して二〇〇七年度は五十一万人台へ。さらにこの動物園を人気スポットへと押し上げたのは、〈カピバラ温泉〉のオープンだった。

熱帯アマゾンで暮らすカピバラが水を好む動物だというのは知られているが、彼らにとって日本の冬はやや厳しい。冬場も快適に過ごせる浴槽を展示場内に設置し、さらに打たせ湯を取り入れると、これがカピバラたちに好評だった。彼らの社会は年功序列の傾向があり、浴槽に湯を入れるとすぐに年かさの個体でいっぱいになる。浴槽に入れない若い個体たちは、打たせ湯を浴びながら順番待ちをするようになったのだ。

公開は二〇〇九年十一月から。寒さの厳しい日ほど、湯気のなかでたたずむカピバラは魅力的に見える。ユーモラスで独特の風情《ふぜい》がただよう展示ができあがった。寒風をしのぎながらカピバラたちの様子が見られるガラス張りの観察小屋もつくり、これが話題になってこの年の来園者は約五十六万人にまで増えた。

それに引き続き、これまで飼育したことのなかった動物の導入が計画された。

それが、ペンギンだった。

日橋は、この計画が浮上したときから、飼育責任者は小山しかいないと考えていた。

小山がこの動物園に入ったきっかけは、曰《いわ》く、なんとなく面白そうだと思ったから。

卒業が迫り進路について考えたが、毎日オフィスに出勤して事務仕事をするのは気が進まなかった。だが体を使うことは、あまり苦にならない。そんな仕事はないだろうか。ルーティンではない仕事なら、なおさらいい。

そんなことを漠然と考えていたとき、埼玉県が動物園職員を募集していることを知った。これまで動物のことを専門に勉強する機会もなく、動物園への就職もほとんどイメージしたことはなかったが、無事に採用が決まったのは何かの縁だったのだろう。

日橋が、その才能に気づいたのは、小山が飼育員として働いて数年目のことだ。

園内には、〈なかよしコーナー〉といってウサギやモルモットなどの小動物、家畜動物を中心に来園者がふれあい体験をできる施設がある。そこで飼育されているミニブタに、小山はあるトレーニングを試みた。言葉や態度で褒めながら「おいで」「待て」などを教え、できたらおやつのご褒美を与える。それを毎日続けるうち、ミニブタはやがてノーリードで飼い主と散歩をする犬のように、小山の後を追うようになったのだ。

それをきっかけに、ミニブタと一緒に園内を散歩する新しいイベントがスタートした。複数の来園者がまわりにいても、ミニブタはいっこうに気にしなかった。小山に完全に懐《なつ》いていて、近くにいればすっかり安心していたからだ。

日橋は、その様子に驚くばかりだった。こんなことは今まで誰もやろうとしなかったし、できなかった。独学で得たトレーニング技術もさることながら、動物が心から信頼を寄せている様子に飼育員として天性のものを感じないではいられなかった。

小山は、動物のことをとてもよく見ている。野生動物は心身の状態が少しくらい悪くても、それをおもてに出そうとしない。だが小山は、わずかな変化を察知して、問題があるときほど動物の様子をよく観察し、そこから何をしたらいいのか解決につながる方法を考え、試みる。

小山はそれができる飼育員で、そして動物を警戒させない才能があった。

「ペンギン舎には、ウォークスルーを取り入れたい」

日橋の考えたプランは、国内はもちろん海外の動物園でもめずらしい斬新《ざんしん》なものだった。
＊
ウォークスルーとは、来園者が動物舎のなかを歩きながら観察できる展示スタイルのことだ。巨大なドーム状の鳥類展示場、カンガルーやワラビーなどを放牧したエリアの一部に通路をつけたものは各地で時々見られるが、ペンギンと来園者を隔てるものがいっさいないスタイルの展示は前例がない。

せっかくなら、まだ誰もやったことがない展示にしたい。そう考えたのは、日橋だけではなかった。このプロジェクトに参加しているペンギン研究者の上田一生も、同じ気持ちだった。

上田がペンギンの魅力にとりつかれたのは十代の頃のことだ。ドイツのボン大学で西洋史を学び、現在も高校で教鞭《きょうべん》をとる一方で、独学を含めて四十数年にわたりペンギン研究を続けてきた。これまで南極をはじめ、南米、アフリカ、オーストラリア、ニュージーランドなど世界各地で生態調査をおこない、国際会議での報告発表、各国研究者との交流や意見交換を重ねている。もっとも力をいれているのは、これまでの情報をもとにした生息地域の環境保全活動だ。現在、日本を代表する専門家のひとりとして知られている。

そんな上田が、日橋と出会ったのは二〇〇〇年頃のことだ。国内の動物園や水族館で構成される組織、日本動物園水族館協会による種《しゅ》保存委員会に日橋が講演者として招待されたことがきっかけだった。

日本の動物研究者や専門家は、生物学や獣医学などひとつの専門分野をベースにしている者が多い。だが日橋と上田は、学問の領域にこだわらない視点を持つ、日本ではめずらしいタイプの専門家だ。動物について考えるときは、同時に植物や鉱物、地質など自然科学のすべてを網羅する、いわゆる博物学的な視野を持って多角的にアプローチする。さらに話題は、歴史や哲学、文化人類学などの領域に及ぶこともある。そうしたところで共感するものが多く、何より二人とも動物のことが好きで好きでたまらない。年齢も一歳違いということから、やがてお互いの自宅を訪問するほど親しくなっていた。

「うちでも、ペンギンをやりたい！」

スケッチブックをテーブルに広げた日橋が、自分のプランを熱心に語ることもあった。上田は、全国の動物園施設に関わる設計・施工会社の顧問をしている。ためしに見積もりをとってみようということになったが、結果は総額六億円という莫大《ばくだい》な額になった。

先立つものがあるわけもなく、計画はそのまま白紙に戻った。

それが再び浮上したのは、それから五、六年後の二〇一〇年のはじめ。来園者数の増加など運営実績を重ねてきたことなどによって、県議会で予算案が通過したのだ。

「予算がついた！　一億で、フンボルトペンギンの施設をつくる」

日橋からの連絡は、いつだって突然だ。

だが上田もすっかり慣れっこになっていて、たいして驚かなかった。かつての見積もりより縮小したとはいえ、億単位の予算を確保できたというのは素晴らしい。制約はいろいろあるが、アイデアを練れば面白い施設ができるはずだ。

だが日橋の考えるスケジュールには、さすがの上田も驚いた。

「設計プランの決定まで半年。来年の春にはペンギン舎をオープンさせたい」

「そんなの無理ですよ！」

動物園で新しい施設をつくる場合、まず計画委員会の設立から始まり、リサーチや予算組みにあわせてプランの方向性をかためていく。こうしたプロセスを経て設計プランが決定して、施設の完成まで通常五、六年はかかるとされている。

しかし、無理といったところで、日橋が納得するはずがないことは上田にもわかっていた。時間はない。だが信頼関係のもとで、二人の意見はそもそも一致していたのだ。

新施設プロジェクトのスタートによって、この動物園で初めてペンギンを迎えることになった。

＊

とはいえ日本の動物園で、ペンギンは特にめずらしい存在ではない。なかでもフンボルトペンギンは、この国でもっとも飼育数が多い種類だ。多くの人が知るように、ペンギンは人気動物のひとつ。しぐさや歩き方がユーモラスでかわいらしく、水中ではスピード感たっぷりのカッコイイ姿を見せてくれ、子どもから大人まで多くのファンを集めている。

だが世界的に見ると、これはとてもめずらしい現象だ。海外の動物園でのペンギンは、あくまで鳥類の一種という認識で、展示場前に人だかりができることはほとんどない。

ちなみにペンギンは十八種類に分類されることが多いが、現在はフンボルトペンギンはじめそのほとんどが絶滅を危惧《きぐ》されている。カタクチイワシの乱獲で生息地のエサが激減して、さらに海流の変化などによって野生種の数は減る一方なのだ。それをなんとかくいとめようと、世界各地で保護活動がおこなわれているが、全体数が増加するほどではなく、飼育下での繁殖も難しいといわれる状況なのだ。

だが日本では、複数の動物園で繁殖に成功していて、現在（二〇一五年）は推計で約二千六百羽のフンボルトペンギンが飼育されている。これは世界の飼育数の半数を占める。

　日本人の多くは気づいていないのだが、日本は世界一のペンギン飼育・繁殖大国なのだ。

　その理由は、日本が海に囲まれた海洋国だということと関連している。ペンギンの飼育に欠かせない新鮮な魚がいつでも手に入り、日本人は取り扱いにも慣れている。通常エサの魚は丸ごと与えるが、高齢や幼年のペンギンには、担当飼育員が傷みやすい内臓を取り除いたり、三枚におろして与えるなど、リスクや負担を減らす工夫をしているところもある。内陸国はじめ、海外の飼育現場で取り入れるのは難しいが、日本人ならたいていおこなえる作業だ。こうしたこの国独自の環境や細やかな対応によって、ペンギンたちの健康状態が安定したことが、スムーズな繁殖へとつながっていったといわれている。

　しかし、そんな日本でも、ペンギンの生態や生息地について正しく理解されているわけではない。ペンギンといえば南極の生き物、と思っている人は今も少なくないのだ。

　そのイメージは、戦後、各社の南氷洋捕鯨船がペンギンを日本に持ち帰ったことから始まっている。氷の世界からはるばる日本にやってきたペンギンたちは、敗戦によってすっかり衰退していた日本の動物園に明るいニュースをもたらした。ヨチヨチと二足歩行をする鳥たちに『かわいい』という声が集まりはじめ、やがてガムや歯磨き粉など爽《そう》快感《かいかん》や清涼感をアピールする商品のキャラクターとしてお馴染《なじ》みになった。ペンギン＝南極というイメージが広く浸透しているのは、こうした経緯と深く関係しているのだ。

そのため、かつて動物園のペンギンを展示する施設の多くは、氷の世界を連想させるつくりになっていた。だが実際は、南極大陸だけで子どもを産み育てるのは十八種のうち、コウテイペンギンとアデリーペンギンの二種類しかいない。ほかのペンギンの生息地は、温帯や亜熱帯、赤道直下まで広く分布している。

フンボルトペンギンが暮らすのは、南米ペルーからチリにかけての太平洋沿岸地帯だ。

その動物を展示する場所が氷の世界をイメージしているというのは、あまりに現実とかけ離れている。こうした考えから、日本国内の動物園で生息地を再現した展示を取り入れるようになってきたのは、今から十年ほど前のことだ。

現地の生息地は、グアノ層と呼ばれるペンギンなどの糞《ふん》が何千年にもわたり堆積《たいせき》した大地にあることが多い。高温・乾燥地帯では植物はサボテンくらいしかなく、それは氷の世界とは正反対の風景といってもいい。

これまで上田は、いくつかの動物園で現地のコロニーを再現した施設の監修をしてきた。だがそれらは、もちろん本物のグアノ層ではない。コンクリートを固めた山を白くペイントして氷山を演出するのと同じように、形状や色を精巧に再現したものだ。植物も本物を取り入れることは難しい。野生では、サボテンがペンギンが負傷する原因のひとつになっていて、目をつぶした個体が見られることも少なくない。そのため動物園や水族館では人工植物を設置している。だからなおさら本物を取り入れたい。こうした想《おも》いは、日橋よりもはるかに強かったといってもいいかもしれない。

そんな上田が目をつけたのが、チロエ島プニウィル保護区の〝緑のペンギン島〟だった。

そこは温帯地域で、春は新緑とともに美しい花が咲き、夏になればまた別の花が島を彩る。秋の訪れとともにコロニーのまわりは黄金色に変わり、冬は木々が葉を落とす。やや乾燥しているが日本と同じように四季があるのが特徴で、フンボルトペンギンの生息地において、これほど緑豊かなコロニーは世界でここだけといわれている。

世界的には稀《まれ》な風景だが、日本であれば再現不可能ではないはず。上田は、そう考えたのだ。

「展示場には、本物の土で丘をつくり、そこに植物を植えましょう。生息地と近い環境をつくれば、やがてペンギンたちは現地のコロニーと同じように丘に穴を掘り、巣づくりをするはずです。それを来園者に公開するのです。チロエ島をモデルにすれば、これまで誰も見たことのないペンギン施設ができます」

そんな島があるのか――。

上田の説明を聞いていて、小山は驚くことばかりだった。さすがにペンギンの生息地＝氷の世界という認識ではなかったものの、ペンギンについての知識はほとんどなかった。あえて〝ペンギン体験〟をあげれば、ほかの動物園を訪問したときに来園者と同じ距離から観察したことがあるくらい。そうした意味で、小山の持つペンギンに関連する情報は〝平均的な日本人〟の範囲を超えないといってよかった。

チロエ島の名前を聞くのは、もちろん初めてのことだ。それをこの動物園に再現する。このプロジェクトに参加することになったものの、小山は自分がその施設の飼育責任者として働くことについて、イメージできないままでいた。

さらに困ったのは、飼育員の視点からの意見を求められることだ。ペンギン施設に何が必要なのか？　そんなことを訊《き》かれても、経験がなければ答えようもない。そんなことから会議での小山は、おのずと寡黙《かもく》になるのだった。

一方、日橋は、会議でチロエ島の名前を聞いたそばから、手元のタブレット端末を操作しはじめた。地図の上で指をすべらせると、南米沿岸の複雑な地形によりそうようにいくつかの島が見えてきた。さらにそのひとつを指先ではじくと、モコモコとした緑色のかたまりが拡大される。

「こんなところにペンギンがいるんですか？　この画面からじゃ、見えないなあ」

半信半疑な言葉とはうらはらに、最大限に拡大した地図を見る日橋は、宝物を見つけたばかりの少年のような顔になっていた。

建設予定地は、正門前の噴水広場から西へ約六百メートル登った丘の上に決まった。完全屋外の施設で、総面積は三千九百平方メートルとサッカーグラウンドの約半分の広さがある。これは世界で一番広い、イギリスのエジンバラ動物園のペンギン施設を超える規模だ。

施設にはガラス張りのプールをつくる。ペンギンたちがそこから陸にあがると、目の前には草木に覆われた丘がある。フリッパーを左右に広げてバランスをとりながら一歩一歩、丘を登っていくのは、これから子育てをしようとするカップルたちだ。丘のところどころにつくられた巣のなかでは、すでに卵を抱いている親もいる。ほかの巣からは、食欲旺盛《おうせい》な雛《ひな》がエサをねだる声が聞こえてくる。

ペンギンの世界と来園者を隔てるのは、一本のロープだけ。ここに来れば、まるで南米のチロエ島のコロニーを訪ねたような体験ができる。日本はもちろん、世界でも類を見ないペンギン施設になるはずだ。

施設の名前は〈ペンギンヒルズ〉に決まった。

設計プランの進行と同時に、ペンギン探しが始まった。

＊

フンボルトペンギンは、ワシントン条約で指定された絶滅危惧種だが、日本での飼育・繁殖数は世界で一番多い。だがいずれの動物園でも人気者なので、積極的に手放すところは多くない。実際には全国の動物園や水族館にお願いをして、数羽ずつ譲ってもらうという方法が一般的だ。

そんなとき、日橋にとって朗報が入った。長野のある水族館の閉館が決まり、ペンギンの引っ越し先をさがしているというのだ。その数、二十三羽。飼育するには、ちょうどいい数なのではないか。

一方、上田は「これだけの敷地なら、二百羽でも余裕で飼えますよ」という。現地の生息地のなかにはこの施設と同じくらいの広さのところに、二千羽近くのペンギンが密集して暮らしているところもあるという。彼らが快適に暮らすために重要なのは、土地の広さよりも周辺の海にエサが豊富にあるかどうかなのだと説明した。

それを聞いた日橋は「冗談じゃない！」と思った。ペンギンは、とにかく大食いで知られる動物なのだ。主食はカタクチイワシやアジ、イカなど。フンボルトペンギンの成鳥の体重は四、五キログラムだが、健康に暮らすためには一日に体重とほぼ同じくらいの魚が必要といわれている。

ほかの動物園のことはわからないが、少なくともここ埼玉県こども動物自然公園では、飼育動物が増えるからといって、そのぶん年間予算が増えるわけではない。基本的には、これまでと同じ予算のなかでやりくりしなければならないのだ。だから飼育できる数は限られる。だが群れとして生きるペンギンたちの姿を見せるには、ある程度の数を確保しなければならない。そうした意味で二十三羽というのは現実的な数だった。


ペンギンヒルズのプロジェクトは、長く動物園の仕事をしてきた日橋にとって、ひとつのロマンといってもよかった。

だが予算という、現実の問題も避けられない。なかでも頭を痛めたのは、プールの運営費だった。最初の設計案をもとに算出すると、プールの容量が大きすぎて、年間の水道代が予算を大幅にオーバーしてしまう。

だがガラス張りのプールは、ペンギンたちのもっともアクティブな姿が観察できる場所だ。水中の様子を見せる展示は、今では数多くの動物園に取り入れられ、いずれも来園者に人気がある。今どきのペンギン施設としてはスタンダードな設備であり、ダイナミックな動きを見せるためにもできるだけプールの大きさを確保する必要があった。

解決策として考えられたのは、プールの底にすり鉢状の段差をつける方法だった。これならガラス面と水の表面積を確保したまま、使用する水量をおさえることができる。水際にはゆるやかなスロープをつけて、ペンギンたちはペタペタと歩いて上陸できるようにする。

この構想ができあがったとき、日橋のなかでかつて訪れたオーストラリア・フィリップ島の風景がよみがえった。そこはフェアリーペンギンの生息地。昼間は海でエサをとっていた彼らは、夕刻になると波が打ちよせる砂浜から歩いて巣へ戻っていくのだ。あれは、いい風景だった……。そう考えていたとき、予想外の提案があった。

「プールに、波をたてましょうか」

それは埼玉県公園緑地協会の担当者からのものだった。

「そんなことができるんですか？」

「たいして難しいことではありませんよ」

同協会は、県営の公園や動物園、水族館、スポーツ施設などの設計・管理をおこなっている。そのなかには県内四か所の水上公園も含まれ、夏場はプールもオープンする。大規模なスライダーや滝、本物さながらの浜辺を再現した施設が人気で、県内外から多くの利用者が訪れているのだ。

そこで使っている設備や技術にくらべたら、十数メートル四方のプールに波をおこすのはたやすいことだった。心配していた費用の点でも問題がないことがわかった。広い敷地、波のプール、本物の土を盛った丘、四季を彩る植物――。プランはいよいよ、実現へと近づいていった。

＊

新しい施設の建設は、急ピッチで進んだ。

園内の西にある丘の上にプールができあがり、その横には来園者が歩ける通路がつくられた。通路をはさむように二か所に土が盛られ、ペンギンヒルズの全貌《ぜんぼう》がほぼわかるほどになってきている。

オープンしたときが完成なのではなく、本当のスタートはそこから――。それはこの施設をつくるうえで、大切な方向性のひとつだった。土盛りの丘は、今はまだ何もなくノッペリしているが、植物を植え育てることによって〝緑のペンギン島〟へと近づけていく。いわばここで暮らすペンギンたちと一緒に、飼育員が少しずつ手を入れながら、ペンギンヒルズでしか見られないものをつくりあげていくのだ。

こうして工事が進行するなか、小山の不安は日々つのっていった。めざすのは世界で唯一の展示だ。それだけに一度は現地を見なければ、どこに向かって進んでいけばいいのかイメージすることは難しい。それは、日橋にとっても同じだった。

ペンギンヒルズは、これから長い時間をかけてつくりあげていく施設なのだ。日本でチリのペンギンの生息地を再現することは簡単ではないし、そういった仕事にはあらゆる迷いやアイデアの交差がつきものだ。いわば試行錯誤があたりまえであり、その過程で道を見失わないためにも、本物のフンボルトペンギンの営巣地を訪ねたい。

念願かなってチロエ島の視察が実現したのは、ペンギンヒルズのオープンを三か月後にひかえたときだった。日橋と小山が目にしたフンボルトペンギンのコロニーは、南緯四十二度と日本から遠く離れていながら、日本人にとってどこか親しみのわく風景だった。とはいえ、自然環境は日本よりもはるかに豊かで、そして厳しかった。

ペンギンたちは何千年もの昔から、この場所で命をつないできたのだ。その姿を目《ま》の当たりにした日橋と小山は、あらためて彼らのたくましさに圧倒された。

そうだ、ペンギンは強い動物なのだ！

生まれも育ちもまったく違う日本で暮らすペンギンたちであっても、住環境を整えることによって、彼らはきっと順応するはず。本能が呼び覚まされ、野生で暮らす群れの行動を見せてくれるようになるだろう。そのためには、ここに向かえばいいのだ。日橋と小山が共通のイメージを持つことは、その後のペンギンヒルズの運営に大きな意味をもたらすことになるのだった。

＊

一行の帰国からまもなく、ペンギンがやってきた。

動物園に到着したトラックの荷台には、二十三個の木箱が積み込まれていた。まずは検疫のために園内の動物病院に運び、そこで二か月過ごすことになっている。

小山は箱を開けて、ペンギンを両手で持ち上げた。

ペンギンに触るのは、もちろんこのときが初めてだ。保護用のグローブを通して、ふわりとした羽の感触のあとガッチリとした骨格が感じられた。空を飛ぶ鳥にくらべると、ペンギンたちは骨密度が高い。おそらく陸上のほかの動物と変わらないのだろう。ペンギンどうしが争うときは、頑丈な骨からなるフリッパーを武器として使う。致命的なダメージを与えるほどの威力はないが、バシバシと叩《たた》かれるとけっこう痛い、というのは他園の飼育担当者から聞いた話だ。

病院の敷地内の一部に準備しておいた飼育場に放すと、ペンギンたちは簡易プールに向かってダッシュしていった。彼らにとって、もっとも安全な場所は水のなかだ。プールの大きさは横四メートル、縦二メートル、深さ一メートルほど。そこに二十三羽が次々に飛びこみ、芋洗い状態で浮いている。パニックにはなっていないようだが、あきらかに警戒していた。初めての環境にやってきたばかりのペンギンとしては、当然といえるだろう。

だが〝初めて〟は、それだけではなかった。飼育場には、冬の太陽の光が差しこんで

いた。晴天続きで空気が乾燥しているせいだろう、風が吹くと少しだけ埃《ほこり》が舞い上がった。周辺の木々からは、枝がふれあう乾いた音がする。

二十三羽のペンギンたちにとって、それらは見たことも聞いたことも、感じたことさえないものばかりだった。

これまで彼らが暮らしていた施設は、完全室内の飼育展示場だ。生活スペースに使われる素材は主にコンクリートとガラスで、温度や湿度は、空調で完全管理されている。生まれてからこれまで土や岩の上を歩いたことはなく、太陽の光や熱、風、雨や雪にさらされたこともない。ほかの動物や鳥、昆虫など、仲間以外の生き物と接触した経験もゼロ。あえてふれたことのある有機物をあげると、エサの魚、そしてそれを与える人間くらいだった。

大自然のなかで暮らす、フンボルトペンギンの姿を来園者に見せたい――。

その発想からつくられた、ペンギンヒルズのオープンまで二か月と少し。やってきたのは〝箱入りペンギン〟と呼んでも大げさではない、大自然からもっとも遠いところで何年も暮らしていた群れだった。

その2
箱入りペンギンの冒険

「今日も、プールのなかか……」

小山は、フェンスに囲まれた施設のドアを押した。

入ってすぐ右はプールサイド、正面から奥へ来園者用の歩道がゆるやかに続いている。その右には、高さ四メートルほどの大きな丘、左には小さな丘がある。この施設の上空をさえぎるものは何もない。朝のこの時間はまだ少し風が冷たいが、春の空は穏やかに晴れ渡っていた。

二〇一一年四月、ここ埼玉県こども動物自然公園にペンギンヒルズがオープンした。

正門から西へ約六百メートル、ひたすら上り坂が続く。軽く息を切らせながら、丘の上に到着した来園者の目の前には、強化ガラスのプールがあらわれる。それはまるで、深い緑に囲まれた山の上にぽっかりと浮かぶ海のようだ。明るい太陽の下で、ブルーのプールとペンギンたちの黒白の羽が美しく映える。そこは非日常感たっぷりのペンギンたちの楽園だ。爽《さわ》やかなインパクトに、大人も子どもも「わぁ」と驚きの声をあげる。

波のプールで、ペンギンたちは俊敏に泳ぎまわる。フリッパーをギュンと振り下ろした瞬間に一気に加速する動きには、ひとつの無駄もない。羽毛の間にふくまれていた空気が、その後を追うように細かな泡となって消えていく。躍動感あふれる動きを見せるのもいれば、プカプカと波に身をまかせながら、強化ガラス越しに来園者に好奇心旺盛な視線を向けるのもいる。

ペンギンと目が合った！　生まれて初めての体験に、誰もが笑顔になる。

オープン早々から、ペンギンヒルズは来園者に好評だった。だがそれは、あくまで施設全体の一部に限ったことだった。

「なかにも入れますよ。どうぞ」

小山がエントランスのドアを開けると、来園者の期待はさらに高まる。

サッカー場の約半分相当という総面積は、ペンギン専門の施設として世界最大級の規模だ。そしてここは日本で初めての、来園者とペンギンを隔てるものが何もないウォークスルー方式を取り入れた施設。人間が立ち入れるスペースはロープで仕切ってあるが、ペンギンたちはどこでも好きな場所を歩くことができるようになっている。

だが実際なかに入ってみると、来園者はしだいにトーンダウンしていった。広い施設内にペンギンの姿は、ほとんど見られないからだ。稀にプールサイドに姿を見せるペンギンがいるが、たいていロープからかなり離れた場所だ。強化ガラスのプールにくらべ

ペンギンヒルズの生活①

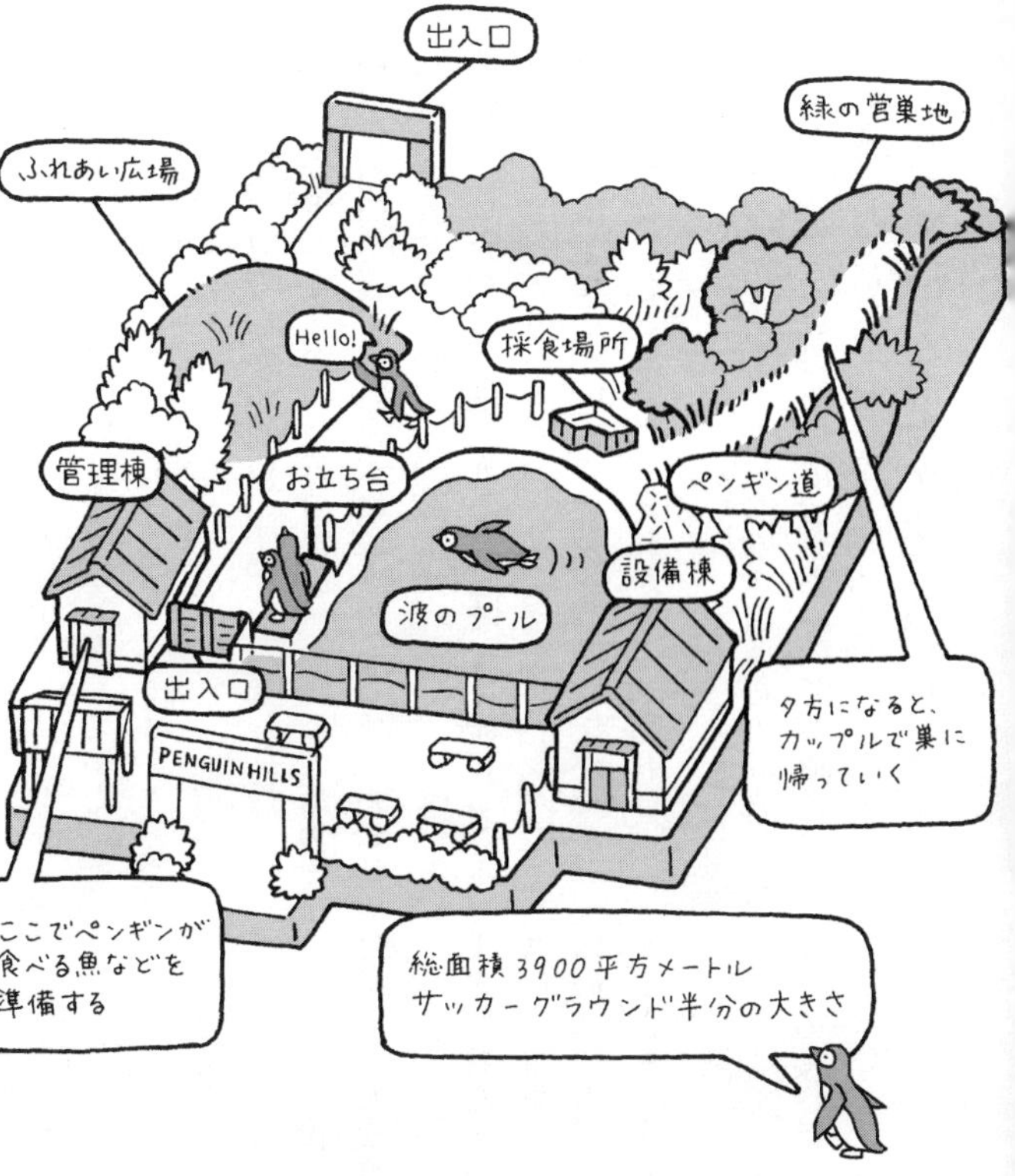

施設のモデルは南米チリのチロエ島、別名〝緑のペンギン島〟。
温帯地域の広大な土地に暮らす
フンボルトペンギンの生息地を再現した、
世界的にもめずらしいウォークスルー方式の展示場

ると、ペンギンたちの存在はずいぶんと遠い。

新しい施設の広大な敷地は、いつもガランとしていた。

*

ここにある、すべてのものが怖い――。

二十三羽のペンギンたちが、長野の水族館からこの動物園にやってきて約二か月。動物病院での検疫期間を経て、三月末にようやく完成した新施設に引っ越しを終えたばかりの彼らは、いまだに警戒心でいっぱいだ。

かつて暮らしていたのは、温度から湿度まで完全にコントロールされた室内施設。そこで生まれ育った〝箱入りペンギン〟にとって、ペンギンヒルズの環境は、まるで自然のど真ん中に放り出されたといっても大げさではなかった。太陽の光や風、それらがつくる木漏れ日、枝葉がざわめく音。どれかひとつあれば、ペンギンたちを緊張させるのにじゅうぶんだ。

そんな彼らにとって、もっとも安全なのは水のなかだった。だからこの施設がオープンしてから、二十三羽は朝から晩まで、おそらく夜眠るときもふくめて、ほぼ一日中プールのなかで過ごしていた。

「それでも水面に浮いている時間が長くなっているので、少しずつ慣れてきていると思います」

オープンと同時にペンギンヒルズの主任飼育員になった小山は、園長の日橋に群れの様子について説明した。

本気で警戒しているとき、ペンギンたちはできるだけ水中に潜ろうとする。そこは、彼らがもっともすばやく動けるところだからだ。だが水深を保つには泳ぎ続けるためのパワーが必要だし、もちろん定期的に水面に顔を出さなければならない。数日前までペンギンたちは、息が続くかぎり潜水状態をキープしていた。つまり、かなりムリをしていたということだ。

だが日がたつごとに浮かんでいる時間が長くなり、今ではほとんどがプカプカと水面で揺れている。やがて気が向くとスルリと水中に潜り、流線型の体で飛ぶように移動する姿を披露してくれる。

ペンギンヒルズの目玉ともいえるウォークスルーコーナーに入った来園者が、少しがっかりした顔をするのは担当飼育員として寂しいが、ともかく今は環境に慣れていくときだ。

「エサは、どうしてる？」

「プールサイドで与えています」

日橋に答えながら、小山はペンギンたちの順応性とたくましさを感じていた。

今はまだプール中心の生活をおくっているが、それでもエサのアジを入れたバケツを持って行くと、彼らのうちの何羽かは警戒しながらもワクワクとしたムードを発している。わずかずつだが距離を縮める気配を見せるものもいる。そこまで変化を感じなくても、新鮮なアジを手にすれば、すべてのペンギンが小山に向かって口を開けてくれるのだ。

しっかり食べてくれる——。

新しい施設に引っ越したとき、動物によっては食事ができるまでが大きなハードルになることもある。だから担当飼育員としては、まずそれだけで感謝の気持ちでいっぱいになるのだった。

＊

長野の水族館を出てから今まで、ペンギンたちにとっては、毎日が冒険の日々といっても大げさではない。まずは、そんな彼らが少しでも怖い思いをしないようにする。それが自分の仕事なのだと、小山は考えた。

魚の入ったバケツを持って施設に行くと、カラスたちが近くの木に集まってくる。また広大な丘陵地帯にある園の内外では、テンやタヌキなどの野生動物も生息している。そうした動物が場内に入り込まないよう施設の構造を工夫して、フェンス上部には電気《でんき》

ペンギンヒルズの生活②

-食事編-

主食はアジ。
1日2回の食事時は毎回大騒ぎで、
あちこちで魚を取り合う光景が見られる。
飼育員はすべてのペンギンの名前を覚えていて、
必要な量の魚を食べているか把握している

柵も設置している。しかし、動物の侵入防止に一番効果的なのは、エサになるものを徹底的に排除することだ。飼育員がいるあいだは大丈夫だが、もしペンギンヒルズの場内にカラスなどが舞い降りるようなことがあれば、ペンギンの群れは怖い思いをするはずだ。自分のもとに来たからには、そんな体験は絶対にさせたくない。

小山は、午前と午後の食事時間のあと、ジェット水流を使って場内をていねいに洗浄した。プールの周辺はもちろん、排水溝の内部まで残留物がないよう三十分以上かけて徹底的に洗うのだ。施設がオープンしたばかりのとき、ペンギンたちは場内を掃除する小山や手にするジェット水流のホース、水を吹き付ける音などにやや驚いているようだった。だが毎日のことになると、やがて少しずつ慣れてくる。

〝箱入りペンギン〟は飼育員や来園者など、人間との距離は近いところで生まれ育ってきた。ペンギンヒルズをとりまくあらゆる自然物にくらべると、小山やほかの担当飼育員への抵抗感はやわらいでいるようだった。

ペンギンは群れで生きる動物だが、その核になるのは雄と雌のペアで、ほかの鳥類と同じように何年も連れ添うことが多いといわれている。実際、ここにいるペンギンたちも長野の水族館時代から九組のペアになっていて、その関係は一組をのぞいて引っ越し後も変わらず安定していた。ちなみに群れのなかで特に影響力のあるペアというのもなく、彼らの社会は純粋に夫婦とその子どもたちという家族単位の寄せ集めから成り立っている。ペンギンの社会というのは、いってみれば町内会のようなものなのだ。

それだけに誰かが突然走り出すなど、目立つ行動やいつもと違う動きをすると、群れ全体がそれにひきずられてしまうこともめずらしくない。一羽がプールサイドで転んだ拍子に、ほかのペンギンまでパニックになるケースもある。

だが彼らの社会では、その逆もある。野生のペンギンがエサを獲《と》るため海に出るとき、岩場に集まった群れはなかなか動こうとしない。海中には天敵が待ちかまえているかもしれないからだ。しかし、誰も海に入らなければ、群れは永遠にエサを確保することができない。そんなとき、やがて一番のりで海に飛びこむ個体があらわれる。こうして安全が確かめられると、ほかのペンギンたちも続々と後を追うのだ。

これを〝ファーストペンギン〟と呼び、人間社会でも比喩《ひゆ》として使われることがある。フロンティア精神あふれる勇気ある個体によって、ペンギンの群れが繁栄するのは、たしかにちょっと人間の世界と似たところがあるのかもしれない。

この群れの、ファーストペンギンは誰なのか？

施設オープンからまもない今、小山にはまだはっきりとはわからない。ともかくここは、安全で快適で、これまで暮らしていたコンクリートに囲まれた世界よりもはるかに住み心地が良いところなのだ。焦る気持ちはないが、できるだけ早く彼らに気づいてもらいたい。そのために自分にできることは少しでもファーストペンギンの負担、つまり恐怖や緊張をとりのぞくことなのだ、と小山は考えるのだった。

＊

さて、ここで話は少しだけ戻る。

長野の水族館からペンギンの群れが引っ越してきた日、輸送トラックに載せられていたのは二十三個の木箱だけではなかった。

発砲スチロールのケースのなかには、分厚い綿に厳重にくるまれてカイロで保温された三つの卵が入っていた。ここに来ることが決まったとき、群れでは三組のペアが抱卵中だった。だが引っ越しという大きな環境変化があると、ペンギンは卵を温めなくなってしまう。そのため人工育雛《いくすう》を前提に、卵も一緒にやってくることになったのだ。

小山がペンギンの卵を実際に目にするのは、もちろんこれが初めてだ。色は真っ白。重さ百グラムほどで、大きさはニワトリのものより二回りほど大きい。

到着して、卵はすぐに孵卵器《ふらんき》に入れられた。だが三つのうち、ふたつはやがて生体反応が見られなくなった。輸送が原因だったのか、それとも親鳥が温めたとしてもかえらない卵だったのか、理由ははっきりとはわからなかった。それだけに小山や日橋をはじめ担当飼育員のあいだでは、残るひとつに希望と期待が集まった。

小さいながらハッキリとした声を小山が聞いたのは、引っ越しから二週間ほどたったときのことだ。

ピィ……。ピー、ピー。

孵卵器から聞こえるかわいい声は、少しずつ大きくなってくる。もうすぐ新しい命と会える。周囲の期待が大きくなるなか、小山は祈るような気持ちになった。どうか無事に生まれてきてほしい！

鳴き声が聞こえはじめて二、三日すると、コツコツと殻をつつく音が始まった。五時間、十時間、そして丸一日過ぎた頃、殻の一部がパチリと砕けて小さなクチバシがのぞいた。さらにひび割れは大きくなり、登場したのは白と淡いグレーの羽の雛だった。

しばらく孵卵器のなかに入れておいたら、すっかり羽が乾いて産毛《うぶげ》がフワフワになった。体重は七十グラム。目はまだ開いていなくて、小さなフリッパーはいかにも骨が柔らかそうでホンニャリとしている。それでもクチバシは艶々《つやつや》と黒光りしていて、それは小さいながらも立派なフンボルトペンギンのものだった。

飼育場所は、しばらく人工育雛器のなかだ。内部の温度は三十七・五度。まだ自力で体温調節ができない雛にとって、温度管理は大切なポイントだ。生後一か月くらいになるまでに、少しずつ温度を下げていって最後は常温に近い二十三度くらいまで慣れさせる予定だった。

小山にとっては、ペンギンはもちろん、雛の世話などまったく初めてのことだ。そこでこれまでカモやインコの人工育雛経験がある獣医師と飼育員が助っ人として入り、飼育現場の環境を整えた。小山が飼育に参加したのは、雛が生まれて三日目からだった。エサはオキアミやアジをすり潰《つぶ》してビタミン剤を加えたもので、これを親鳥がおこなうようにシリンジ（針のない注射器）で口のなかに入れるのだが、そのタイミングが難しい。鳥の雛は食べ物を求めて自分から口を開く習性があるが、それに合わせなければならないのだ。

「タイミングを間違えると誤嚥《ごえん》の原因になります。気をつけてください」

獣医師のアドバイスに、小山は手が震えそうになった。

食事は三時間ごとに一日七回与える。初日は一回五グラム、翌日は十グラムずつ。一日ごとに、食事量は倍に増えていく。

「よく食べるな」

初めてづくしで緊張が続いていた小山だが、ペンギンの雛の旺盛な食欲にすっかり感心してしまった。

野生で生まれた雛は、親鳥がつくった巣にスッポリと包まれるようにして過ごす。骨が柔らかいこの時期は、固い地面を歩かせると爪《つめ》や指が変形する恐れがあるので注意が必要だ。飼育経験のある動物園などに相談した結果、ペーパータオルを敷き詰めた調理用のザルを専用ベッドとして利用することになった。

生まれてから五日目。真っ黒な目がクリッと開くと、かわいらしさは一気に倍増した。二十日を過ぎる頃から、抵抗力もついて運動量もグンと増える。二、三日かけて外気温にふれる時間を少しずつ長くしたが、体調は落ち着いている。もう人工育雛器から出しても大丈夫だ。それ以降、段ボールにペーパータオルや紙おむつを敷き詰めた育雛箱が専用スペースになった。

ペンギンの雛は生まれてすぐに第一綿羽《めんう》が抜け替わりはじめ、一か月ほどで保温性の高い第二綿羽が生えそろう。この時期になると、ますますペンギンらしくなる。食べて遊んで、眠ることは、雛鳥にとって大切な仕事だ。お腹《なか》がいっぱいになると満足そうな顔をして、ペーパータオルを少しだけひっぱってみたりするうちに、やがてウトウトと眠ってしまう。

ペンギンの飼育をスタートさせて早々、こうして生まれた小さな命は、小山をはじめ飼育チームはもちろん動物園にとって特別な存在になった。近い将来、間違いなくペンギンヒルズを盛り上げてくれるはずだ。

名前は、ペンペンに決まった。

ペンギンらしくて、誰にとっても親しみやすく覚えやすい名前をつけたい。そう考えるスタッフ全員で出した案を五つに絞りこみ、最終的に来園者の投票によって決まったものだ。

「ペンギンだから、ペンペン？　工夫がないなぁ」

園長の日橋は口ではそう言ったが、でも「いい名前だ」と思った。

動物の種類が特定できて、小さな子どもでも呼びやすく、一度聞いたら忘れられない。

それは動物園アイドルの条件すべてを満たす、最高の名前だった。

＊

ペンギンの成長は早い。

生まれたときは頭でっかちな印象で腹ばいだったが、胴体が大きくなるとともに重心のバランスが変わり体全体が起き上がってくる。同時に足元もしっかりしてきて、フリッパーもグンと伸びて長くなった。

誕生した時に七十グラムだった体重は、七日で二百グラム、三十日を過ぎる頃には二千グラムを超えていた。一日に二百グラム近く増加することもあって、毎日世話をしている小山でさえ、たった二、三日で「あれ?!」と驚くほど変化することもめずらしくない。

段ボール製の育雛箱での生活を経て、ペンペンは園内管理棟の一部を段ボールで仕切ったサークルのなかで過ごすようになっていた。

「ペンペンは、小山さんの後ばかりついて歩きますね」

スタッフのひとりが、感心したように言った。
生まれて初めて見たものを親だと認識する〝刷り込み〟は、特に鳥類によく見られるといわれているが、ペンペンもその本能をしっかり受け継いでいた。サークルから出るのは食事のときだけだったが、それでもペンペンにとって小山は特別な存在のようだ。ペンギンの雛は親鳥の声を聞き分けてエサをもらうといわれているが、どうやら人間の声も聞き分けているようだ。事務所の外で小山の声がすると、あきらかに気にしている。
さらにペンペンは、ほかのスタッフのこともよく見分けていた。人工育雛チームが男性ばかりだったせいか、女性スタッフが近づくとあからさまに避けようとする。スタッフが見慣れないユニフォームを着ているときも警戒していて、あきらかに人間の性別や服装の違いを認識していた。

こうしたできごとは、ペンギンの能力や判断力がわかるという点で、飼育担当者にとっても興味深い。だが将来ペンギンの群れに加わることを考えると、こうして人間の世界にふれさせるのは良いこととはいえない。

動物園によっては、エサを与えるときにペンギンのかぶり物をしたり、親ペンギンのクチバシ状の給餌器具《きゅうじきぐ》を使うなど、人間との距離をとる工夫をしているところもある。だがその効果について、今のところはっきりしたことはわかっていない。器具を使っても成長とともに相手が人間だと気づく雛もいるし、人間の姿を見て育ってもやがて群れに馴染むペンギンも少なくないのだ。

そうしたこともあって、初めてのペンギンの人工育雛という一大事業のなかでは、無事に成長させることが一番の優先順位になっていた。

そんな緊張の日々も、ようやく一段落。毎日のエサも、小さめのアジやキビナゴなら余裕で食べられるようになった。同じ頃、ペンギンヒルズのオープンをひかえて二十三羽の群れも引っ越しを終えた。小山の仕事の拠点が新施設の管理棟に移るのにあわせて、ペンペンもこちらの隔離室で飼育されることになった。

「そろそろ、ペンペンを外に出してみましょうか」

担当飼育員のあいだでそんな話が出たのは、その三日後のことだ。

群れに入れるのか？　攻撃されないだろうか？　小山にとって心配はつきない。だがこの動物園でペンギンとして生まれた以上、ペンペンはこれからペンギンヒルズの住人として生きていかなくてはならないのだ。

ペンペンにとって初めて、外の世界を見るときがやってきた。

管理棟から初めて外に出たペンペンは、思っていた以上に堂々としていた。プールに向かってペタリ、ペタリと一歩ずつ、やがて足音はペタ、ペタ、ペタとしだいに軽快になっていく。先導する小山がいるので、何の心配もしていないようだ。

だが小山が上空を確認すると、カラスのほかにオオタカの姿も見えた。大人のペンギンに近づくほどの大胆さはないだろうが、ペンペンにとっては天敵だ。しばらくのあいだ、外に出すのはスタッフの目が届くときだけということになった。

ペンギンヒルズの群れは、ペンペンを威嚇《いかく》することはなかった。野生のルールには、雛の行動はすべて大らかに見守るというものがある。飼育下で繁殖・成長した個体が集まった群れだが、ここにはそのルールがきちんと存在しているようで、小山をホッとさせた。

一方、ペンペンは、自分には関係ない生き物がいると思っているのだろうか、あえて群れに近づこうとはしなかった。

ガランとした施設の敷地内は、まるでペンペン専用の遊び場だ。来園者用の通路を横切って、草が生える土を踏みしめて、やがてプールサイドに到着した。初めて目にするプールだが、ほとんど動じることもなく泳ぎだす。誰に教えられるでもなく水のなかを進む姿には、小山をはじめ飼育チーム全員が「さすがはペンギン！」と感心した。

ひと泳ぎして波打ち際に戻ったペンペンは、寄せては返す水とたわむれる。水にふれる気持ちよさを味わうように、水しぶきを飛ばしながらプールサイドをペタペタと走りまわりはじめた。フリッパーをしっかりと広げてバランスをとりながら、ジャンプするように歩く。広い世界を知ったばかりの小さな生き物は今、おそらく全身で喜びをあらわしている。

楽しい！　なんだか、すごく楽しい！

その愛らしい姿に、小山の目は釘付《くぎづ》けになった。

オープン当初は土が目立っていたペンギンヒルズの丘は、新緑の季節から梅雨《つゆ》を迎え、しだいに深い緑に覆われていった。わずかずつではあるが〝緑のペンギン島〟が、この丘陵地に再現されつつあった。

＊

夏休みに入ると、ペンギンヒルズを訪れる来園者はさらに増えた。

開園時間の朝九時半まであと十数分というタイミングで、小山はプールのわきの管理棟に入る。ここはプールに波をおこす造波装置をコントロールする場所だ。夜間は止めている装置の電源を入れて、プールに波をおこすのは毎朝の仕事のひとつになっている。

小山が管理棟に向かうと、それに気づいたペンギンたちがさっそく水に入る。最初はプカプカと浮いているだけだが、プールに波が出現しだすと彼らの動きは俄然《がぜん》活発になる。ビュンビュンと水中を飛びまわるようにしながら、数羽が同時に交差する。そのうちの一羽が水面に飛び上がり、弧を描いて着水するとグンとプールの底をめざす。潜水体勢のままグルリと一周したあとは、浮力に身をまかせるようにして水面に顔を出す。

波のプールの設置は、ペンギンヒルズにとって大きな成功要素のひとつだった。ペンギンが活発に動けば、動物本来の姿や能力を紹介できる施設になり、それが来園者の満足にもつながるからだ。

ポイントは、ペンギンたちにとっていかに気持ちのいい波を立てるかにかかっている。オープン前、ペンギンヒルズの造波実験に協力したのは、園内で飼育しているアヒルだった。

ひとまず中レベルの設定で電源を入れてみた。プールの片側に設置された巨大な板が作動すると水面にうねりが発生した。それが対岸に到達して返っていく。だがそれほど広くはないプールでは、すぐに次の波がやってきて中央でぶつかりあってしまう。最初は楽しそうに泳いでいたアヒルも、白波が砕けはじめると「こんなところ嫌だ！」とばかりに、プールから逃げ出してしまった。

こうした実験の結果、さざ波を少し強くした程度が最適だということがわかった。これなら適度なうねりと水流が発生して刺激になるし、波に身をまかせていることもできる。

ペンギンたちは、どうやら波のプールが気に入っている。実際、泳ぎ疲れてもしばらくユラユラと浮いていることが多い。ここが安全地帯ということだけでなく、波に揺られることが彼らにとっての快適さにつながっていることがわかってきたのだった。


だが八月に入り、朝一番にプールの水温を測った小山はギョッとなった。

「二十八度?!　今の気温より高いぞ」

この年は、すでに六月から厳しい暑さが続いていた。この動物園がある東松山市は、毎年高温や猛暑の記録で話題になる熊谷市《くまがやし》と隣接している。すでに梅雨が明ける前に熊谷で三十九・八度と六月の最高気温を記録して、その日はこの丘陵地も厳しい一日になった。そして、その後も四十度近くまで気温があがる日がめずらしくなく、もう何日も熱帯夜が続いていた。

おそらくここは、日本で一番暑い動物園だ。プールの水温は上昇するばかりで、その朝、とうとう気温を超えてしまったのだ。

ペンギンヒルズの生活③

-ペンギン道編-

昼間プールで過ごしたペンギンたちは、
夕方になると営巣地に帰っていく。
毎日決まったルートを踏み固めることで〝ペンギン道〟ができる。
ペンギンたちが列をつくって丘を登る、
野生と同じ光景が見られる

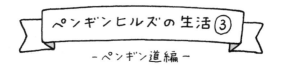

水温が下がらない理由は、プールの構造にもあった。ペンギンヒルズのプールは、年間の水道使用料をおさえながらペンギンが動けるスペースを確保するために、水面を広くとったすり鉢状になっている。予算と魅力的な展示を両立させるための画期的なアイデアだったが、水量に対して表面積が大きいため太陽の熱や気温が大きく影響してしまう。日橋と小山は、まさかこんな問題がおこるとは予想もしていなかった。

ペンギンたちは、大丈夫なのだろうか？

心配になった日橋は、施設の共同企画者でペンギン研究者の上田一生に連絡を入れた。

「気温が高いのはなんとか耐えられるでしょう。でも水温まで高くては、ペンギンには辛《つら》いですね……」

フンボルトペンギンのなかには、サボテンしか生えない高温乾燥地で暮らす群れもいる。しかし、そこには南氷洋からのフンボルト寒流がながれこんでいるのだ。こうした彼らの生息地の条件を考えると、今の状況はかなり厳しかった。このままでは、ペンギンたちが危ない。だが激しい猛暑がおさまる気配はまったくない。

数日後、朝一番の水温は三十度を超えた。

この日も、ペンギンヒルズは強烈な直射日光にさらされた。それは連日の猛暑のなかで働く小山にとっても、尋常ではない暑さだった。

そして昼すぎ、水温を測って仰天した。

「三十六度だって？　これはまずい！」

担当飼育員も、それぞれ不安を口にした。

「みんな食欲が落ちてます」

「高齢のペンギンやペンペンは、大丈夫でしょうか」

「若い子も、朝からずっと開口呼吸です」

　フンボルトペンギンは本来、丈夫な生き物だといわれている。だがこの猛暑は、あまりに強烈すぎる。風呂のようなプールに入ったら、体力を消耗するばかりだ。木陰に避難したペンギンたちは、ハアハアと息をしながらほとんど動かない。

「とにかく直射日光をさえぎる方法を考えよう！」

　日橋が思いついたのは、農業用の遮光シートだった。軽くて丈夫な、あの黒いシートなら、ペンギンプールの上部をスッポリと覆うことができるかもしれない。すぐにロールで五十メートル分のシートを購入。さらになんとか工夫して、シートを固定する鉄管も設置した。

　ようやくプールに涼しげな陰ができた。

　猛暑はあいかわらず続いていたが、やはり一日中太陽にさらされているのとは違う。水温は少しずつ下がり、昼間でも三十度をキープすることに成功した。

　ペンギンたちに、大変な思いをさせてしまった……。彼らの苦難を思うと、小山は申し訳ない気持ちでいっぱいになるのだった。

しかし、ペンギンたちは実に淡々と、そして平然としていた。数日すると食欲をとりもどし、エサのアジをツルリ、ツルリと美味《おい》しそうにのみこんだ。少しパサついていた印象だった羽毛にも、やがて独特の輝きが戻ってきた。

そして冷たいとはいえないプールに波を立てると、ペンギンたちは実に楽しそうに泳ぎまわるのだった。

＊

ようやく厳しい暑さがやわらぎ、残暑も一段落した頃、日橋のもとに一通のメールが届いた。

このたび「エンリッチメント大賞２０１１」にて、埼玉県こども動物自然公園のペンギンヒルズが施設賞に決定したことをお知らせいたします。

発信元は、ＮＰＯ法人市民ＺＯＯネットワーク。二〇〇一年、動物園を通して人と動物の関係を考えることを目的に組織され、主に動物園の飼育現場での、環境エンリッチメントに関する普及啓発活動に力を入れている。動物福祉をベースに、動物園とそこで働く人々や関係者にとって役に立つ情報の発信を通して、動物園の向上と活性化を応援する団体だ。

その活動のひとつが「エンリッチメント大賞」で、二〇〇二年度から毎年実施している。十回目のこの年、ペンギンヒルズは施設賞に輝いたのだ。

受賞にあたっては、温帯に暮らすペンギン本来の環境を再現したことが評価のポイントになった。フンボルトペンギンの生息地南限、南米チリ・チロエ島の〝緑のペンギン島〟に着目したところも審査委員に好評だった。波のプールや草木が覆う丘で現地の様子を再現したペンギンヒルズには、いまだに多くの日本人が抱《いだ》く「ペンギン＝氷の世界の住人」という間違ったイメージを大きく変える力があると考えられたのだ。

エンリッチメント大賞は、動物園業界では知らない者はいない。ここ数年はマスコミの反応も大きく、受賞をきっかけに動物園施設が新聞で紹介されることもめずらしくない。

ここにペンギンの施設をつくりたい――。

長年の夢のひとつが、めまぐるしくスタートしてから約一年半。これまでがむしゃらにやってきたことが、業界関係者や専門家のあいだで評価されたことは、日橋にとって素直に嬉《うれ》しかった。

「やりましたね！　よかった、本当によかった！」

上田の言葉で、その喜びはさらに何倍にもふくらんだのだった。

*

それからしばらくした十二月のある日、日橋のもとに予想外の連絡が入った。小山からの内線を受けて、日橋は正門わきの事務所からペンギンヒルズまでの上り坂を一気に駆け上がった。

ペンギンたちは、いまだにプールからほとんど離れようとしない。それでもプールサイドの植物の近くなど、人目を避けられる場所に数羽で群れることもあり、少しずつ生活スペースを拡大している。スローペースではあるが、自然物に囲まれた環境に馴染んできているところだった。

そんな手応《てごた》えを感じてきたところだっただけに、日橋は小山の言葉をすぐには信じられなかった。

「ペンギンが一羽、死亡しました」

感染症の対策は万全だったはず。昨日の午後、場内を見たときも特に変わった様子はなかった。いったい、なぜ？

死因について聞いた日橋は、大きなショックを受けた。ペンギンの命を奪ったのは、植物の枝だったのだ。獣医師は、尖《とが》った枝を飲みこんだことが原因の事故だと説明した。

それはまぎれもなく、ペンギンヒルズの敷地内に植えられた植物だった。

野生動物にとって、この程度の危険回避はできてあたりまえのことだ。たとえ飼育下で繁殖した個体でも、身を守るのに必要な本能は簡単に薄れるものではない。その証拠にペンギンの群れは、今もプールを中心にした生活をおくっている。

生まれてから今まで、コンクリートとわずかな有機物しかふれるチャンスのない世界で生きてきた〝箱入りペンギン〟にとって、たしかに植物の枝は未知なものだ。それでも自分たちは、彼らの判断力や順応性を信じて、この程度のことは乗り越えられるはずと考えてきた。

ペンギンの命を奪った枝は、彼らにとって命をはぐくむ巣材になるものだった。だがこんなことがおこった以上、施設内に入れておくことはできない。これには日橋も焦った。

「あのペンギンたちが、ここで暮らすのは無理なのか……？」

日橋の悲痛なつぶやきに、小山は何も答えることができなかった。

とにかく今は、残るペンギンたちを守らなくてはならない。死因になった植物はすぐに撤去されたが、飼育員として長いキャリアを持つ二人もさすがにこれにはこたえた。本当にかわいそうなことをしてしまった。

そう思うとともに、緑のペンギン島をモデルにした施設をここに再現することに、そもそも無理があったのではないかという考えさえ浮かんでくる。

この動物園に〝箱入りペンギン〟をむかえてまもなく一年。

それは彼らにとって、今までになく恐ろしい日々だっただろう。自然環境そのものに脅威を覚えるだけでなく、夏には大きなアクシデントにも見舞われ、さらに命の危険にもさらされた。管理されたコンクリート空間のなかにいたら、経験しなくてよかったものばかりなのだ。

「小山、受賞したのはエンリッチメント大賞じゃなくて、ハラスメント大賞の間違いじゃないのか?」

日橋のいうことは、いつも的を射ている。

ペンギンヒルズの広大な敷地は、いまだガランとしたままだった。

その3
アイドルとボス

あの事故があってから、小山はいつも剪定《せんてい》バサミを携帯するようになった。

直接の死因になった植物が撤去されたとはいえ、それでも不安は完全にぬぐえない。ペンギンたちが安心して身を隠せる木や草を残しながら、鋭利な枝や植物の角度によって危険を感じるところを細かくチェックしてとりのぞく作業は、小山の日課になった。

そんな小山のかたわらには、いつも一羽のペンギンがいた。人工育雛されたペンペンだ。誕生からまもなく一年。来園者の前でまったく物怖《ものお》じしないペンペンは、すっかりこの施設のアイドルになっていた。

成鳥の羽にくらべると白黒のコントラストは若干弱めだが、大きさは大人のペンギンとほとんど変わらない。今では、群れと同じように屋外で暮らしている。

だが小山を慕う行動は、雛のときとほとんど変わっていなかった。管理棟から小山が出てくると、ペタペタと足音を立てながらついてくる。小山が少し早足で歩くと、ペンペンもなんとか追いつこうと頑張る。濡《ぬ》れたコンクリートの上では、足音がより一層響く。ペタペタ、ペタペタのテンポが速くなる。

　ペンギンが完全に成鳥として独り立ちするのは、二歳半くらいといわれている。野生でもそれまでは、親の姿が見える場所で過ごすことが多い。生後数日してペンペンが目を開いたとき、世話をしていた小山はペンペンにとって親同然といってもいい。

　ここで一緒にいるのがあたりまえ。そういわんばかりにペンペンは、作業をする小山のそばを離れようとしなかった。だが小山は、あえてクールに接した。なぜならペンペンは、ここペンギンヒルズの住人だから。あと一年半ほどしたら完全に大人になる。そうしたら群れの一員としてペアを形成するのが、ペンギンとしては自然な姿だ。これ以上、人間の世界に興味をよせる状況はなるべく避けたい、と小山は考えたのだ。

　だがやはり、ほかのペンギンとは違う愛着がある。施設管理の仕事に集中しながらも、小山はかたわらのペンギンが発する「遊びたい！」という強い意思を感じないではいられない。ペンペンはクチバシの先で、手にした仕事道具をツンツンとつついてアピールすることもある。

　それでも小山は、淡々と仕事を続けた。もちろん心のなかでは、かわいくて仕方がない。だがあえて、そんなそぶりは見せないのだ。そんなときのペンペンは、怒るでもなくガッカリするでもなく、でも自分の思い通りにならないことが不思議という様子で、そしてちょっぴり不満そうだ。自信たっぷりながら飄々《ひょうひょう》としている、独特なキャラクターのペンギンに成長しつつあった。

もちろんペンペンは、丘の上にも躊躇《ちゅうちょ》なくやってくる。

プールの目の前の大きな丘は、けっこうな傾斜があるので人間でも足元に気をつけて歩かなければならない。そこをペンペンは一歩、また一歩と進む。特に急なところは、ちょっと慎重に横歩きになって登る。ペンギンにとってはけっして歩きやすい場所ではないが、フリッパーでバランスをとりながら進む足取りには、ひとつの迷いもない。

その姿は健気で、とても力強い。

小山はチロエ島の〝ペンギン道〟のことを思った。それはペンギンたちが海と巣を往復しながら、何千年にもわたり命をつないできた道だ。朝、群れはそこを歩いて海に出かけてエサを獲り、そして夕方、島に戻ってきたペンギンたちは隊列を組むように坂を登っていく。

めざすのは〝緑のペンギン島〟の再現だ。いつかこの丘でペンギンたちが巣作りをするようになれば、ここペンギンヒルズでもそんな光景が見られるのだろうか——？

＊

そしてペンギンヒルズが初めての冬をむかえようとした頃、ひとつの異変がおきた。

来園者用のエントランスのすぐわきに、一羽のペンギンが立ったのだ。

名前はボス。

群れのなかでも比較的年齢を重ねた雄で、〝箱入りペンギン〟として生まれ育ちながらも、経験値と本来の個性なのだろうか、小山の目には以前からあまり物事に動じないタイプに見えた。

ボスが選んだ場所はプールサイドの端で一段高くなっている、飼育員のあいだで三角コーナーと呼ばれているところだった。身を隠す場所に安心を感じる一方で、ペンギンは見晴らしが良い場所も好む。三角コーナーは、来園者用の通路をはさんだ管理棟の正面にある。食事の準備をする気配を感じられる場所で、もし何かあればすぐにわきからプールに避難することもできる。

そして施設の南東にあたるこの場所は、午前中は抜群に日当たりが良い。真冬でも晴れた日にここに立てば、九時すぎくらいから太陽がグングン上昇して暖かい。三角コーナーの真後ろは壁になっているので、北風をよけることもできる。風の冷たい季節、ここはとても心地の良い場所なのだとボスは気づいたのだ。

やがてボスのパートナー、ジュリアーナも並んで日光浴をするようになった。

ペンギンの世界には、群れを統括するリーダーはいない。だがその時々によって、新しい行動や習慣のきっかけをつくる個体がいる。ペンギンヒルズで仕事をするようになってから小山は、群れに影響をあたえる個体の出現を心待ちにしていた。ここは快適で安全で、そしてフンボルトペンギンという動物が生きて、命を育《はぐく》むために必要なものが揃《そろ》っている。そのことをストレスなく理解してもらえるように、日々の世話から施設管理まで、考えられる限りのことをやり続けてきた。

ファーストペンギンは誰なのか？

それはゴージャスな名前を持つ、勇気あるペアだった。

彼らの影響力は、小山が予想していた以上に大きかった。ペアで利用しているということは、そこが安全で快適な場所だという何よりの証拠だ。まもなくほかのペンギンたちも、朝の日光浴を楽しむようになった。それが習慣になると、午後の時間帯でも休憩場所として利用する個体が増えてきて、いつしかそこは群れにとっての人気スポットになったのだ。

それによってペンギンヒルズの雰囲気は、大きく変わった。なにしろ来園者が施設の入り口を通過するとすぐ、ペンギンの群れがむかえてくれるのだ。人間と動物を隔てるのは一本のロープだけ。手が届きそうなところに、体高六十センチ近くあるペンギンが十数羽も集まっていると迫力がある。

「近い！」

「かわいい！」

来園者は至近距離で見るペンギンの存在感に圧倒され、たちまち夢中になる。それぞれ携帯電話やスマートフォン、カメラを手に、さながら撮影会のようだ。施設入場とともにトーンダウンする、かつてのムードはすでにない。

華やいだ雰囲気の来園者たちの前で、ペンギンたちはいずれも平然としている。羽の手入れをしたり、太陽の光を浴びながらウトウトしだすのもいる。彼らの立つ位置からだと、人間より少し目線が高くなるのでリラックスできるようだ。

「ペンギンが逃げだしてる！」

来園者の声に小山がふりむくと、ペンペンがプールサイドのロープをくぐり、管理棟前の通路をペタペタと横切っているところだった。

「こんなところ歩いて、いいの？」

来園者たちはちょっと戸惑いながらも、誰の誘導もなく堂々と目の前を歩くペンペンの姿に笑顔になっている。

「ここに張っているロープは人止めのためのものです。人はロープの外には出られませんが、ペンギンはどこでも自由に歩けるようになっているんです。でも手は出さないでくださいね。ペンギンのクチバシは、ナイフ並みに切れ味がいいので」

小山がペンギンの体について説明したパネルを指さすと、来園者の一部から「へぇ……」と感心の声があがった。

「何もしなければ、攻撃することはないので大丈夫です。ペンギンが歩いてきたら、静

かに道をあけてあげてください」

この言葉に合わせて、集まっていた親子連れやカップルが左右に分かれていく。ペンペンは、それが当然といわんばかりにマイペースでペタペタと足音を響かせて前進していくのだった。

ペンギンと同じ空間にいる。しかもそこは、彼らにとって生活の場。そのフィールドに人間がおじゃまするという状況のなか、同じ地面を踏んでいると非日常感はますます強くなる。

ここって、なんだか面白い。また来たい——。

ペンギンヒルズが本来めざしていた方向へゆるやかに発展するとともに、しだいに固定ファンも増えていった。そして、なにしろペンペンの人気は絶大で、ペンギンヒルズを再訪するのはペンペンに会うためというリピーターも少なくなかった。

施設がオープンした年、来園者の数は前年度の五十四万人から六十九万人へと大きく跳ね上がった。そのうち純粋にペンギンヒルズがもたらした数は、五万から十万人と算出された。

＊

年を越した二月から始まったイベントが定着していったのも、ペンギンヒルズの人気に拍車をかけた。

これは午前と午後、一日二回おこなわれる〈ランチタイム〉と呼ばれるエサやり体験だ。毎回限定三十名でエサの魚が入ったカップがひとつ三百円で販売される。週末ともなればわずか数分で売り切れてしまうほど好評だ。

この〈ランチタイム〉は、来園者がペンギンたちの生の姿をもっとも近くで見ることを目的にしたイベントだ。そのためにはペンギンが、人間のそばに来なければ成立しない。しかし本来の彼らは、人間との接触に喜びを感じる要素はほとんど持ち合わせていない。

小山をはじめ、毎日の世話をしている飼育員に対しても、ペンギンたちは一定の距離を置く。普段はむりやり近づくことはないが、定期的な体重測定などやむを得ない理由で手をふれると、その抵抗ぶりはすさまじい。クチバシで激しくつつき、フリッパーでバシバシと叩く。前述したようにペンギンのクチバシは、ナイフ並みの切れ味だ。またペンギンの骨は、空を飛ぶ鳥とくらべて密度が高く頑丈だ。飼育員は防御用の分厚いグローブをつけるが、それでもそうとう痛い。しばらくするとションボリするのもいるが、いつまでも諦《あきら》めないタイプもいる。ようやく作業が終わって手放すと、ペンギンたちは「こんなことは金輪際ごめんだ！」といわんばかりに去っていく。

彼らが人間に懐くことはないし、またその必要もない。そう考える一方で、小山のなかには、ペンギンたちの本来の姿がいかに魅力的かということを来園者に伝えたいという思いもあった。

ペンギンが自分から人間に近づくことが、もっとも自然な状況とは？　そのひとつが、この〈ランチタイム〉というわけだ。

あわせて動物園という空間のなかでは、来園者の安全も考えなければならない。結果、頑丈な木製のついたてを隔てて、来園者とペンギンが対面するという方法が考案された。ついたては五十センチくらいの高さで、これならペンギンたちが背伸びをしても来園者の足などをつつくことはできない。

さらに写真が撮りやすい位置関係も考える。特に親子連れにとって撮影ポイントは重要だ。エサやり体験をする子どもの姿を写真に収めることができれば、ペンギンヒルズを訪れた家族の満足感は確実にアップする。

だがイベントがスタートしたばかりのときは、なかなかうまくいかなかった。

特に初日は、ペンギンヒルズ初のイベントということで、来園者のほかに園内の関係者も数多く集まった。それがペンギンたちの緊張につながってしまったようだ。

いつもと違う！

一羽が警戒心を高めたことをきっかけに、途中で全員がプールに戻ってしまい、完売のチケットはすべて払い戻しとなってしまった。しかし、そこは大食漢のペンギンだ。彼らにとって午前と午後の食事は、一日のなかでもっとも楽しみな時間。来園者が大好物のアジを持っているとわかると、まもなくグイグイと距離を縮めてくるようになった。

このイベントに参加した来園者の多くは、まずペンギンたちの勢いとパワーに圧倒される。食事は、彼らにとって競争だ。飼育員が準備をしているときから、ついたての前では押し合いへし合いで、大変な騒ぎになっている。

ステンレス製のトングでアジを摑《つか》んで差し出した瞬間、同時に七、八羽がとびついてくる。なかの一羽がタイミングよくゲットしても、アジを横向きにくわえてしまうと、かたわらの二、三羽はまだ諦めきれない。そのうち一羽が略奪に成功するとプールへダッシュする。すばやく逃げるのなら水のなかが一番と、本能的に体が動くのだろう。奪われたほうもそれを取り返そうとして、あちこちで激しい追いかけっこが展開される。そして決着がつくとダッシュで戻ってきて、再びトングのアジへと突進するのだ。

こうした食べ方をするのは、どちらかというと若い個体が多い。経験のあるペンギンは略奪されないように、アジを頭からくわえてツルリと飲みこむように食べる。しかし、なかには押し合いのなかに入れないペンギンもいる。高齢のペンギンやペンペンは体力的に不利なので、飼育員が様子を見ながら優先的にアジを与えている。

小山をはじめ飼育員は、来園者によるエサやりの状況を見ながらアジを食べたペンギンの名前を次々に口にしている。そのかたわらには、すばやくカウンターを押す飼育員がいる。ボードに固定されたカウンターはペンギンと同じ数だけあって、誰がアジを何匹食べたのか数えて栄養管理をしているのだ。

ペンギンを見分ける目印は、フリッパーのつけ根に装着された翼帯《よくたい》といわれるリングだ。ここペンギンヒルズでは、左側についているリングが青だと雄、赤は雌。右側の二本から三本のリングの色の組み合わせによって、名前がわかる仕組みになっている。

たとえばファーストペンギンのボスは、左に青、右には赤白黄の三本のリング。そのパートナーのジュリアーナは、左に赤、右は白黄の二本のリングをつけている。ちなみにペンペンは、まだ性別がわからないので、右だけに白黒二本のリングをつけている。

つまり翼帯は、ペンギンの名札というわけだ。これは世界的に、ペンギンの個体識別のポピュラーな方法とされている。リングの素材はいろいろあるが、小山が各地の飼育担当者に問い合わせた結果、ペンギンに負担が少なく取り扱いもしやすいということで、六色に色分けされたラバーカバー付きの軟銅線を使っている。

二、三十分で〈ランチタイム〉が終わると、ほぼすべてのペンギンたちがプールで泳ぎだす。水中をビュンビュンと飛びまわり、勢い余って水上に飛び出すのもいる。イベント前後は、ペンギンヒルズの住人たちがもっとも活発な姿を見せてくれる時間だ。

＊

これまで自然物にふれたことのない〝箱入りペンギン〟だったが、そんな彼らも少しずつこの環境に馴染んできている。小山が特にそう感じたのは、彼らの鳴き交わしの声がペンギンヒルズに響いたときだった。

マァー。マァー。

これは求愛行動のひとつだ。繁殖の時期が近くなると、お互いをていねいに毛づくろいしたり、クチバシで優しく頭をつついたり、クチバシどうしを細かく重ね合わせて音を鳴らすディスプレーと呼ばれる行動を頻繁におこなうようになった。

マァ〜！　マァ〜！

フンボルトペンギンの鳴き声は、その容姿や体格からはちょっと想像しにくいのだが意外と野太い。ペアの気持ちが高まると、さらに迫力が増す。ビブラートのかからない大型のヤギ、あるいは子牛の声をちょっとだけ高くした感じといったらいいのだろうか。

ペアとして行動していたものの、これまでは新しい環境のなかで生きていくのに精いっぱいだったのだろう。こうしたシーンはまったく見られなかった。しかし本格的な冬をむかえる頃から、ペア特有のしぐさを数多く見せるようになってきた。

一般的に彼らの繁殖シーズンは、晩秋から春といわれている。タイミングとしてもピッタリだ。園長の日橋と小山は、さっそく丘の各地に巣を設置することにした。

野生で暮らすフンボルトペンギンは、クチバシや足で土を掘り、そこに草や枝を入れて巣をつくる。だが今の彼らにそれを望むのは、ハードルが高すぎる。まずは丘の上が安全で、快適に暮らせるところだと理解してもらうことが大切と考えたのだ。

準備したのは木製のやや高さのある箱形の巣で、入り口は狭いが内部はペアで入っても余裕がある。また、まだ丘に登っていないペアのために、プールサイドや丘のふもとにも設置した。

入り口のまわりをはじめ、巣の全体がなるべく草のかげに隠れるように工夫もする。こうすると内部の様子が確認しにくくなってしまうのだが、まずはペアが安心できる環境づくりが優先だ。

だが小山の仕事は、それだけでは終わらない。さらに快適になるよう、すのこを入れて水はけを良くしたり、巣材に向きそうな枝や草を内部に敷いてクッション性をアップするなどの工夫を重ねていった。

ペンペンは、そんな小山の後をいつもついて歩いた。巣の内部に手を入れていると気になるのだろう、入り口をのぞいたり、点検するようになかに入ることもあった。その様子を見ていたのは、群れのペンギンたちだ。同じペンギンが入っている。もしかして、あそこは安全なのか？　そう感じたのだろう、まもなく何羽かが巣の様子を見に来るようになったのだ。

フンボルトペンギンが巣を決めるとき、まずは雄が「これは」というところを選んだうえでパートナーの雌を案内する。そこで雌が気に入れば新居が決定。気に入らなければ、物件探しは一からやり直しになる。そうしたなか何組かのペアが、設置した巣を気に入って産卵した。

日橋と小山の期待は高まった。だが残念ながら、この年は繁殖には至らなかった。

＊

「デコイを置いてみては、どうだろう」

日橋が提案したのは、その翌年の繁殖シーズンをむかえようとしているときだった。デコイとは鳥の模型のことで、現在はインテリアなどにも利用されるが、もともとは自分と同じ姿を見ると安心する鳥類の性質を利用した狩猟用のおとりのことだ。

ここペンギンヒルズでも、ボスの行動が群れに新しい習慣をつくったり、ペンペンが営巣地への先導役になったりしている。日橋は、巣の近くや内部にデコイを置くことで、彼らの警戒心がやわらぐのではないかと考えたのだ。アイデアを聞いて、小山もすぐにやってみたいと思った。彼らがデコイにどんな反応を示すのか？　主任飼育員として純粋に興味があったし、それがより多くのペアが丘の上の巣を使うきっかけになるのなら、なおさら嬉しい。

だがすぐにフンボルトペンギンの等身大のデコイを複数準備することは難しかった。

何か、かわりになるものはないだろうか？　思いついたのは写真だった。さっそく手製の〝写真デコイ〟のボードを十枚ほど作製した。

解像度の高い写真を使ってなるべく精巧さを出すようにしたが、立体的なデコイにくらべたら存在感はいまひとつ。でもそれは、あくまで人間から見た感覚だ。そもそもデコイだって、動かず鳴き声も立てず、体臭もない。しかし、鳥たちは、精巧につくられたデコイに心を許す。彼らにとっては動きや体臭よりも、同じ姿の鳥がそこにいるという状況が、おそらくとても大切なのだ。

そう考えた小山は、さらにペンギンの目線を意識してボードの設置場所を吟味した。この頃、プールサイドから丘を登るルートがいくつか決まりつつあった。そのうちもっともポピュラーなポイントから丘を見上げた小山は、この道を一歩一歩登っていくペンギンたちの目に映るもの、そして彼らの進路を思い描くことに集中した。

プールからあがったペンギンが丘を見上げる。

少し先には一羽のペンギンの姿がある。その横を過ぎてさらに進むと、次のポイントにもペンギンが立っている。巣のなかに入っているペンギンもいる。物音もたてずにそこにいるということは、どうやら安全で快適な場所らしい。そうしてさらに登ろうとすると、また別のペンギンの姿が目に映る。それを通過すると、日当たりと風通しの良さそうな巣が視界に入ってくる――。

この仕掛けが、いったいどのくらいペンギンたちの心に響くのか。小山には、まったく予想がつかなかった。これが〝ペンギン道〟のきっかけにつながればという期待はもちろんあるが、動物がこちらが思うように動いてくれないことは経験からじゅうぶん承知している。まったく何もおこらないこともあり得るのだ。

そんな気持ちで設置した等身大ボードだったので、翌日、小山は目にした光景に驚いた。

ボードを設置したルートをひと組のペアが登っていく。あらかじめ雄が選んでいたのだろうか、ひとつの巣の前に到着するとやがてなかへと入っていった。刺激したくないので近くで見ることはできないが、しばらくたっても出てくる様子がないところからするとどうやら気に入ったらしい。

ためしに作った〝写真デコイ〟が、これほど彼らの心をつかむことになるとは……！予想以上の結果にもっとも驚いたのは、小山自身だった。

さらにこの後ふた組のペアが巣に入り、この日から新しく三組のペアが丘の上で暮らすようになった。

ペンギンは群れで生きる動物だ。こうしたきっかけができることで、さらに複数のペアが丘の上へとやってくるようになった。

これにはペンペンも、少なからず影響をあたえた。小山の作業をすべて見ているペンペンにとって、丘の上の巣は日当たりが良くて、雨風がしのげる快適な場所だ。ペアをつくる年齢にはまだ早いが、ペンペンは単独で巣のなかで暮らすようになっていた。

そこへ繁殖場所を求めてペアがあらわれる。すでにペンギンが暮らしている場所は、安全が保障された優良物件だ。そこに目をつけた雄がペンペンを追い払い、パートナーを招き入れるというケースが何度かあったのだ。

突然、寝室を失ったペンペンは、ほかの巣に移動する。そしてしばらくすると、ほかのペアがやってくる。ペンペンには少しかわいそうだが、マイペースで自信たっぷりなタイプなので、それでしょんぼりする気配はない。ヤレヤレという感じで、また新しい巣へ移っていくのだった。

こうした〝箱入りペンギン〟の変化について、自然の豊かな環境で暮らすうちに野生の本能が目覚めたのだ、という声もあった。だが小山からすれば、それはちょっと大げさだ。ペンギンは強く、賢く、環境適応能力の高い動物だ。これは、彼らがしっかりと安全を確かめながら、ペンギンヒルズの環境に慣れていった結果なのだ。

*

施設がオープンしてから、まもなく二年という二〇一三年二月下旬、ペンギンヒルズで暮らす数組のペアが産卵した。

だがなかに近親のペアがいたため、それらはやむなく採卵するしかなかった。残るペアの卵が孵化するまで約四十日、フンボルトペンギンは夫婦が協力して卵を温め続ける。雛が生まれるのは四月上旬の予定だ。新年度になると、日橋と小山をはじめとする飼育員、園内のスタッフ、そしてプロジェクトの共同企画者であるペンギン研究者の上田一生は、それぞれ落ち着かない日々を過ごすことになった。

今、巣のなかはどうなっているのか？　しかし設置した巣は入り口が狭いうえ、草に覆われ内部の様子を確かめようと思ってもほとんどわからない。ペンギンたちにとって居心地の良い巣をつくろうと工夫した結果、観察は困難を極めた。

でもせっかく彼らが気に入ってくれた巣なので、むやみにのぞきこむようなことはしたくない。小山は、ペアの行動パターンや様子を観察しながら、巣の内部から聞こえる音に注意を払った。

ペンペンのときは殻をつつく音から、あと一日か二日で生まれるとわかったが、今回はこうした予測はいっさいできない。最終的には、無事に生まれた雛が発する声をたよりにするしか方法はないのだが、もし弱った状態で生まれたら発見が遅れるおそれもある。

今日か、明日か？　それとも、もう生まれているのか？

そんなジリジリとする気持ちのなかで、むかえた四月五日。

ピー、ピーピー、ピー！

声が聞こえてきたのは、エフタとエムカという名前のペアの巣からだ。それは外からでもハッキリと聞こえるほど、元気で力強い声だった。新しい命を授かったペアを驚かせないように、日橋と小山は静かにその場を離れた。そして、心のなかで叫んだ。

やった！ ついにやったのだ！

ペンギンヒルズのオープンから二年。南米チリの〝緑のペンギン島〟をモデルにしたこの丘で、初めて新しい命が誕生した瞬間だった。

翌日の六日には、イカルスとピーチャンという名前のペアのもとにも雛が誕生。十一日にはマサムネとダブの巣からも、元気な声が聞こえてきた。さらに六月に入り、エルムとニーナのもとにも一羽の雛が誕生した。

こうして四羽の雛が、ペンギンヒルズの新しいメンバーになった。名前は、生まれた順番にオーシャン、アンドン、マメ、そしてスイムと付けられた。生まれて一か月ほどすると、雛たちは巣の外へ出てくるようになった。最初の一日は巣の前に十分ほど。それから少しずつ時間をのばして三十分くらい、親と並んで草のかげに座るようになった。

子育て期間中も、二羽の親は協力する。食事や休憩を交代でおこなうので、巣とプールのあいだを往復する回数も増えてくる。通常、丘で暮らすペンギンたちは、朝プールサイドに降りてきて、午後の食事が終わった後に巣に戻るというパターンがほとんどだ。

だが抱卵中や子育て中のペアは、昼間の時間帯も丘とプールを頻繁に行き来する。

これは来園者にとっても魅力的だ。一歩一歩、土の丘を進むペンギンの姿は愛らしく、そして力強い。鮮やかな緑の草木と、白黒の羽のコントラストが美しい。ペンギンヒルズで暮らす彼らの姿を初めて見た人の多くは、これまで漠然と抱いていたペンギン＝氷の世界の住人というイメージが一瞬でくつがえされる。

それはまぎれもなく、ここでしか出会えない光景だった。

＊

雛たちが生まれてしばらくしたとき、日橋のなかでにわかに好奇心が高まった。

フンボルトペンギンは、どうやって水と出会うのだろうか？

四月に生まれた三羽の雛は、いずれもプールサイド側に設置した巣で繁殖していた。だから生まれたときから水の存在を知っていて、三羽一緒に何の抵抗もなくプールデビューを果たしている。

だが六月に生まれたスイムは、丘の上の営巣地で暮らす雛だ。しかも親のエルムとニーナは、プールサイドから見ると丘の頂上を越えた反対側に設置した巣を選んでいた。

スイムが初めて巣を離れてプールをめざすとしたら、一度は頂上を越えるはず。これまで土と草木に囲まれてきた世界で生まれ育った雛が丘の上に立ったとき、そこには真っ青な水の世界が広がっているのだ。

スイムの目に、それはどのように映るのだろう？　これは日橋にとって、ロマンといってもよかった。新しい体験や環境のなかで動物たちが成長する過程には、いつも数えきれない感動がある。予測できないことがおこったり、高い順応性に感心したり、ときには進化と呼びたくなるような行動や反応に驚かされることさえある。前例がないほど、想像はどこまでも広がる。

擬人化は無論しないが、彼らの心や感受性に想いを馳《は》せていると、長年の疑問につながるカギが見つかったり、ときに閃《ひらめ》きに似た発見にいきつくこともあるのだ。

動物園の仕事というのは、これだから面白い。

そして八月、ついにそのときがやってきた。

スイムの羽は雛ならではの濃いグレーだが、バランスをとりながら注意深く歩くその足取りはしっかりとしたものだった。だが進行方向は、日橋と小山の予想とまったく違っていた。頂上とは反対側の斜面を降りて、やがて来園者用の通路に到着した。そこはプールとは反対側のエリアだ。いったい、どこをめざしているのか？

それに答えるように、スイムは通路を歩いて悠々とプールサイドにやってきたのだった。

そのルートは、すでにペンギンヒルズの全景がわかっているのでは？　と思いたくなるものだった。巣からプールまで、それはもっとも安全で歩きやすい道だ。まさかエルムとニーナが教えたのだろうか。真相はわからないが、幼いながら無駄のない動きはさすがとしかいいようがない。

これだから動物園の仕事は面白い。

日橋と小山は呆然《ぼうぜん》としながら、思わず笑ってしまったのだった。

＊

「あのペンギン、寂しがっているんでしょうか？」

小山に声をかけてきた来園者は、管理棟の前にたたずむペンペンを指さしていた。

管理棟の入り口には、高さ五十センチほどの木製のサークルが置かれている。ここで働く飼育員は、これをヒョイとまたいで内外を行き来している。だがペンペンに越えることはできない。かわりにサークルの縦板の間に首を突っ込むようにして、管理棟のなかを凝視している。その姿は妙に真剣で、人によっては寂しそうに見えてしまうことがあるようだ。

だが小山は、笑いながら首を横に振った。

「寂しがってはいません。でもちょっと不満には思っているようです。雛のときに暮らした場所なのに、今は自由に出入りできなくなっているので」

それを聞いた来園者は「へえ」とうなずきながら、ちょっと安心した顔になった。

人工育雛のために管理棟で育ったペンペンが、完全にペンギンヒルズで生活するようになったのは、生後四か月ほどのときのことだ。それまでは昼間はペンギンヒルズの敷地で過ごし、夜は室内で眠るというパターンだった。しかし、それではいつまでもペンギンの群れに入ることはできない。そう考えた小山は、成長してすっかり体力がついたところを見計らって、生活場所をペンギンヒルズの敷地のみにしたのだ。

このときのペンペンの戸惑いは大きかった。

どうして戻れないの？　ここは自分の家なのに！　そういわんばかりに、事務所の前で激しく鳴いてアピールした。

ピー！　ピー‼　ビ～～‼

そのうち諦めるだろう。小山はそう思ったが、ペンペンは予想以上に粘り強かった。事務所の前でのアピールは、それから三か月ほども続いたのだった。それでもペンペンは、完全に諦めたわけではなかった。ふと気づくと、ペタペタと事務所内に足音が響いている。

「入っちゃダメだよ」

小山がプールサイドに誘導すると素直についてくるが、ペンペンはその後もチャンスを狙《ねら》っていて、ちょっとした隙《すき》をついてくる。風通しと作業のしやすさからドアを開け放しにすることも多いので、そうなるときりがない。そのため事務所の入り口にサークルを置くことにしたのだ。

それから二年以上。

すっかり成長したペンペンは、敷地内の巣のひとつを寝床にしている。それは大きな丘から来園者用の通路を隔てた、小さな丘の一角にある。大きな丘で暮らすペアが増えていったことをきっかけに、さらに群れの行動範囲が広がることを期待して新しく設置したものだ。

こちらの丘を利用しているペンギンは、今のところはペンペン一羽。でもそれがかえって気に入っているのか、夕方になると丘全体を点検するように歩きまわり、やがて満足そうに巣の前に立つ。軽くフリッパーを広げて胸をグッと反らせる。

マー、ウ〜！　マー、ウ〜！

子牛の鳴き声を少しだけ高くしたような声がペンギンヒルズに響き渡る。ここは自分のテリトリーなのだー！　そう主張しているのだろうか。ペンペンはそれを何度もくりかえすのだ。

とはいえ管理棟の中に入ることは、今も諦めてはいない。一日に数回サークルの前に行き、すべての縦板の隙間に頭を入れてみる。それは、続けていればいつか入れるのだと信じて疑っていないようにも見える。

群れと一緒に泳いだり、日当たりの良い場所で休息をすることもあるペンペンだが、ほかのペンギンにくらべると行動パターンは個性的で、単独行動も多い。来園者に特別親しまれていることから、「寂しそう」と心配されることもある。

でも小山は、ペンペンはそんなヤワなタイプではないと思っている。なにしろペンペンは、生まれてから今まで、多くの人に大切に愛情を注がれて成長してきたのだ。そのため挫折《ざせつ》はもちろん、怖いものも知らない。

自分は偉いのだ！

おそらくペンペンはそう考えていると、小山は思っている。

だからどこを歩いても、誰にも文句をいわれない。最近はどんどん行動エリアを広げ、施設のフェンスギリギリの場所を見てまわるようになった。フェンス越しには、来園者や園内を走る移動用の乗り物、メンテナンス機材を積んだトラックなどが見える。しばらくすると「安全確認完了！」といわんばかりに帰っていく。

事務所のなかは基本的に進入禁止だが、体重測定のためなどで年に数回入ることがある。そんなときのペンペンは、勝手知ったるという様子で歩きまわる。だから見知らぬ研修生がいるのは、絶対に許せない。真っ正面を向いてフリッパーを広げ、少し頭を下げてクチバシを突き出して威嚇する。

やはりここは今でも、ペンペンにとって特別な場所なのだ。

*

二〇一四年五月最後の土曜日、ペンギンヒルズの前に来園者が集まったのは夕方になってからだった。

今日は〈ペンギンキャンプ〉の開催日だ。これは園長の日橋とペンギン研究者の上田、主任飼育員の小山のナビゲートで、ペンギンヒルズにテントを張って一晩を過ごすという年に一度のイベントで、オープン翌年の初回から数えて今回が三回目になる。

参加対象は成人のみで、費用は入園料別で一人二食付き八千円。動物園業界内でもあまり例のない高額企画だが、日橋はだからこそ意味があると考えた。

「ペンギンと一緒に一晩過ごすなんて、究極の道楽だ。そして道楽は、大人だけに許されたもの。だから参加費は大人でなければ払えない設定にする」

実際、三人の専門家の解説を聞きながら、ペンギンの営巣地に泊まるチャンスなどめったにない。毎年、二十名の定員は募集開始からまもなくいっぱいになってしまうほどの人気ぶりだ。

上田によるレクチャーのあとは、プールの前で夕食をとる。そのあとはペンギン談義をしながら、静かに目の前のペンギンたちの様子を観察する。群れにストレスをかけさえしなければ、過ごし方は基本的に自由だ。

森に囲まれた広大な丘陵地の夜は深い。

だがこの晩は、正門から西に登った丘の上だけが、ほんのりとした光に包まれる。集まった参加者たちは、テントが張られた場内で思い思いの姿勢で座りながら、今、自分がペンギンたちと同じ大地にいることを静かに実感する。

このイベントを初めて開催した年、ペンギンたちは緊張してほぼ一晩中プールのなかにいた。だが二年目になるとプールサイドを歩いたり、端に集まって眠ったり、一部のペアは丘を登る姿を見せてくれるようになった。

そして、三年目——。

日橋と上田、小山は、この日ほとんど眠らない。午前三時を過ぎる頃から、ペンギン好きにとってもっとも面白い時間帯がやってくるからだ。

巣のなかからは、目を覚ましたペンギンが動き出す音が聞こえてくる。さらに雛たちが親鳥にエサをねだるピイピイという声、草や枝を踏むカサカサ、パキパキという乾いた音、毛繕いをする音、プルプルプルという体を震わせる音、親鳥が鳴きあう声、またペアなのか近隣のペンギンどうしの諍《いさか》いなのだろうか、相手を威嚇するようなちょっと派手な声がすることもある。

そんな複数の音が、右の丘、左の丘、ペンギンヒルズのあちこちから立ちのぼるように広がり互いに重なり合う。それは〝箱入りペンギン〟だった彼らが、新しい環境にしっかりと馴染んで、たくましく命をつないでいる証《あかし》だ。

日橋と上田、小山のなかで、チロエ島で遭遇した光景が鮮烈によみがえった。

今、自分たちは、フンボルトペンギンの営巣地のなかにいる——。

ペンギンは強く、賢く、愛らしい。

そして気づけば、人の心に揺るぎない何かをもたらしてくれる。夜明けが近づくにつれペンギンたちの営みの音は、人間たちを包みこむようにさらに大きくなっていくのだった。

チンパンジー

その1
チンパンジーの森

この動物園に、チンパンジーの群れをつくる――。

山内直朗《やまうちなおあき》がこのプロジェクトについて初めて耳にしたのは、二〇〇五年のことだった。

茨城県の日立市《ひたちし》かみね動物園は、JR日立駅からバスで高台を約十分ほど登ったところにある。〝太平洋が見える動物園〟というキャッチフレーズのとおり、園内から正門方面を見ると清々《すがすが》しい景色が広がる市営動物園だ。

開園は一九五七年。ここにインドゾウが初めて来園したのはその一年後で、以来キリンやカバといった大型動物、フラミンゴなどの華やかな鳥類など、多彩な動物が見られる動物園として発展してきた。地元で育つ子どもたちにとって、ここは生まれて初めて野生動物と出会うところ。そしてやがて大人になった彼らは、自分たちの子どもを連れて再びこの場所に戻ってくる。地元では、知らない人はいないスポットだ。

同時に長い年月を経て、老朽化の否めない要素を数多く抱えた動物園でもあった。

山内が飼育員として、この動物園に勤務して十数年。これまで霊長類の担当一筋でやってきた。

動物園という職場は飼育員のキャリア向上のため、たいてい数年ごとに動物の担当替えがおこなわれる。同園もこうしたジョブローテーションを取り入れているが、なかには例外もある。

それはあくまで人間の世界を基準にしたことだが、いわゆる知能が高い動物たちの場合だ。この人間は、信頼に値する相手なのか？　動物たちは、担当になった飼育員をあの手この手でテストする。それを数か月から数年かけておこない、ようやく彼らは担当飼育員として認めるのだ。そのため頻繁な担当替えは動物にとってストレスであり、人間にとっても安全に飼育をおこなうためには得策ではないとされている。

ゾウに並び、チンパンジーはそんな動物の代表で、そして山内は同園でもっともチンパンジーから信頼を得ているベテラン飼育員だった。

＊

「ゴヒチさん、おはよう」

朝、山内が最初に挨拶をする相手は決まっている。

個室の檻《おり》越しに視線を合わせながら静かに体を揺するのは、体格の良い雄のチンパンジーだ。彼らは群れで生きる動物で、その社会は成人した雄のリーダーを中心に形成される。ゴヒチは、かみね動物園で暮らすチンパンジーのリーダーだ。

「今日の気分はどうかな。具合の悪いところはない？」

山内の声かけに、ゴヒチも「ホッホッホ」と静かに息を吐くように返事をする。

正式に調べたわけではないが、ゴヒチは人間の言葉をいくつか確実に理解している。それによって会話らしきものが成立している。朝のひととき、山内はいつもそう思う。

二番目に声をかけるのは、その隣の部屋にいるユウだ。

ゴヒチの息子で、十代なかば。大人の雄としてそろそろ自立してもいい年頃なのだが、今もなにかにつけ父親に助けをもとめてしまうところがある甘えん坊だ。

そのはす向かいの個室にいるルナは、待たされたせいだろうか、やや興奮ぎみで山内を迎えた。この動物園のチンパンジーの紅一点で、ユウの母親と勘違いされることもあるが、血のつながりはない。彼女は面倒見のいいところがある反面、気の強さ、気位の高さはピカイチの典型的な女王様タイプだ。

「それじゃあ、今日もよろしく。ドアを開けるからね」

山内はメンバーに声をかけながら、開閉レバーを動かしはじめた。

穏やかな人――。同僚たちは、山内のことをそう評する。派手な振る舞いや奇をてらった発言とは無縁のタイプ。声のトーンは低いほうではないが話しぶりは落ち着いていて、その安堵感《あんどかん》を与える雰囲気には自然と人を和《なご》ませる力があった。

動物園の仕事というのは、重量のある鉄のドアや柵《さく》の開閉、大量の飼料の運搬作業などが多く、それにともないそれなりのボリュームの音が発生する。古い施設では、鉄の柵を動かすワイヤーとレールの摩擦は小さくない。コンクリートで囲まれた部屋は、通常の何倍も音が響いてしまう。

しかし山内が操作しているとき、耳ざわりな金属音はほとんど響かない。すべての動作をゆっくりとおこなう。それはまるで、近くで眠っている赤ん坊を起こさないようにするかのようなていねいさだ。山内の穏やかな気質は、こんなところにもあらわれている。そもそも人間にとって不快な音は、チンパンジーにとってもストレスになる。そう考える山内にとって、これらはごくあたりまえのことなのだ。

バックヤードの個室から、チンパンジーたちが屋外の展示場に出る。日当たりの良いコンクリートのフロアの数か所には、カットした野菜やフルーツが置いてある。山内があらかじめ準備しておいた朝食だ。全員が外に出ると、それぞれ好みの場所に落ち着いて淡々と食べ物を口に運びはじめた。

いよいよ動物園の一日が始まる。だがチンパンジーの施設には、早くも静かな空気が流れはじめていた。落ち着いた大人の空間といえば聞こえはいいが、言い換えれば活気や刺激とは程遠い。

ゴヒチ、ユウ、ルナ――。彼らの世界は、もう何年もこのメンバーで完結していた。

二〇〇五年当時、かみね動物園は、二年後に開園五十周年を迎えることになっていた。その記念事業の一環として、チンパンジーの施設が新しく建設されることが決まったのだ。市議会で通過した予算は約二億円。さらにその後もゾウの運動場の拡張やエントランス周辺、そのほか複数の動物舎のリニューアルが予定されている。総額約十億円の整備事業計画で、これほど大きなプロジェクトは、開園以来初めてのことだった。

山内に任された仕事。それは新しい施設の完成に合わせて、群れで生活するチンパンジーの活気あふれる姿を来園者に公開することだった。そのためには複数の新しいメンバーをここに迎え、元のメンバーとともに新しいコミュニティをつくりあげていかなければならない。

五十周年記念事業ということは、数年という短い期間で群れをつくることを目標とすることを意味している。国内はもちろん、海外でもほとんど前例がない。どこからスタートしたらいいか。そもそも、そんなことができるのだろうか？プロジェクトの核心について考えれば考えるほど、山内は雲を摑《つか》むような気分になるのだった。

＊

チンパンジーを生物学的に分類すると、霊長目ヒト科チンパンジー属になる。

DNAレベルでの人間との違いは一・二三パーセントで、そのため人間にもっとも近い動物といわれている。動物を数えるときは「頭」「匹」の助数詞が使われるが、飼育者や研究者のあいだではここ数年、ヒト科に分類されるチンパンジー（他にゴリラ、オランウータン、ボノボ）は「一人、二人」と数えられることが多い。

彼らは群れで生きる動物であり、社会をつくり、それを維持するためのルールも持っている。野生で暮らすチンパンジーは、母子や協力関係にある雄どうしの小さなグループ単位での遊動を基本に、集合と離散をくりかえしながら十から五十、多いときは百近い数が集まりひとつのコミュニティをつくるという。

だが動物園のなかで、それが再現されているとは言いがたい。

日本では全国五十一の施設で、三百十九のチンパンジーが暮らしている（二〇一五年八月現在）。なかには二十前後の個体を飼育するところもあるが、それは全体からするとごくわずか。十前後のところも稀《まれ》で、なかには単独飼育されている個体もいる。集団で暮らすはずのチンパンジーだが、動物園暮らしの多くは本来とはかけ離れた生活をおくっているのだ。

これは従来の動物園が、単独やペアで飼育してきた時代が長かったことと深く関係している。動物の形状を紹介することが動物園の主な役割だと考えられていた頃は、目的はそれでもじゅうぶんに果たせていたといってもいい。しかし、現在は、群れで生活させることが彼らにとってもっとも自然で快適で、そうした姿を来園者に見せることが動物園の役割のひとつだと考えられるようになっている。

　だがその実現は簡単ではない。チンパンジーがコミュニティを形成して暮らすためには、相応のスペースや設備が必要になる。こうした現実的な問題から、少数飼育を続ける動物園はいまだめずらしくない。

　それはここ、かみね動物園も例外ではなかった。

＊

　新施設の建設プロジェクトにともない、新しい園長として同園にやってきたのは生江《なまえ》信孝《のぶたか》だった。

　これまで市役所本庁で、長年にわたり都市計画や駅前開発にたずさわり、その後は市民活動に関わる仕事をしてきた。いずれもオフィスワークを中心としたセクションで、だから異動の辞令を受けたときは驚愕《きょうがく》どころの話ではなかった。

　開園五十周年記念事業は、そのまま動物園再開発プロジェクトで、チンパンジーの新施設建設はその第一弾だった。かつて市内で一番の人気施設といわれた同園だが、平成に入ってからは十年以上、来園者が減少し続けていた。そこに全国的な動物園ブームがおこり、行政組織のなかで再び動物園の存在に注目が集まるようになった。おかげで過去にない規模の予算が確保されたのだが、楽観視はできなかった。

来園者の増加につながらなければ、閉園もあり得る。それが本庁の方針だったのだ。

なぜ自分が、動物園の園長に？　最初はそんな思いでいっぱいだった。だが生江のなかで、ふと子ども時代の記憶がよみがえってきた。

実家は、かみね動物園の近くにあった。小学校時代は、学校帰りに友だちと一緒に破れたフェンスからこっそりと園内に入って遊んだことが何度かあった。夕暮れどき、聞こえてきたライオンの雄叫《おたけ》びがあまりに恐ろしくて、慌てて逃げ帰ったこともある。

開催された第一回サマースクールに参加したのは、小学校六年生のときだ。生まれて初めてゾウの背に揺られたことは、今も忘れがたい体験として深く記憶に残っている。

その場所が今、人知れず存続の狭間《はざま》で揺れている。この仕事には、動物園で働く多くの職員とそこで暮らす動物たちのすべてがかかっていた。大抜擢《だいばってき》の人事への戸惑いと責任の重さにおののきながらも、生江はこの仕事に急速に惹《ひ》きつけられる自分を感じたのだった。

＊

新しい施設には、彼らにとって少しでも快適な環境、つまり野生で暮らしているときと近い行動がとれる空間をつくる必要がある。そのためにはまず、彼らが何を望んでいるのか考えなければならない。それと同時にもうひとつ大切な要素がある。

それは来園者の満足だ。

つまりチンパンジーたちがリラックスできるスペースを確保しながら、人間が彼らの存在をなるべく身近に感じられる見せ方を両立させるというわけだ。本来このふたつは相反することだが、これがなければ動物園経営を続けることは難しい。

だがこのプロジェクトでもっとも難しいのは、いうまでもなく新しいコミュニティをつくることだ。チンパンジーは高い社会性を持つといわれるだけに、それぞれの個性も強い。生まれ持ったものに加えて、それまでの人生や経験が性格に大きく影響することは、ここで暮らすメンバーにとっても例外ではない。

群れのリーダーのゴヒチは、アフリカのシエラレオネ共和国で一九七八年頃に生まれたといわれている。日本にやってきたのは一歳半くらいのときで、東京大学医学部附属の研究機関で実験動物として飼育されていた。

今、日本で暮らしている三十代から四十代のチンパンジーで、実験動物だった過去を持つ者は少なくない。一九七〇年代、当時の厚生省がB型肝炎ワクチン開発研究班をたちあげ、公的研究機関や民間の製薬会社などに実験用のチンパンジーが輸入されたのだ。その多くはゴヒチと同じように生後一、二歳で捕獲された子どもたちだった。彼らはコンクリートの壁に囲まれた厳密に管理された空間で、ウイルス感染実験に利用されたのだ。

ちなみにゴヒチという名前は、当時の研究機関でのチンパンジー整理番号がCH57番だったことが由来になっている。

やがて研究機関が解散。かみね動物園にゴヒチが引き取られたのは一九八六年のことだった。二〇一五年現在、日本国内で、こうした製薬会社などによるチンパンジーを使った動物実験はおこなわれていない。

きっかけは一九九八年のことだ。このとき国内では、百三十八人のチンパンジーが製薬会社の関連機関で飼育されていた。それを停止させるため、研究者や動物園関係者が集まりSAGA（アフリカ・アジアに生きる大型類人猿を支援する集い）を設立したのだ。同時に実験用チンパンジーたちの終《つい》の住《す》み処《か》となるサンクチュアリ（保護施設）の運営にものりだした。その活動によって二〇〇六年の秋、人間に代わり医学実験をおこなうすべての侵襲的実験が停止されることになった。

そして二〇一二年五月、最後の三人といわれた実験用チンパンジーが約三十年ぶりにケージを出てサンクチュアリでの生活をスタートした。こうして日本の製薬会社による実験用チンパンジーの歴史に終止符がうたれたのだ。

＊

だがこれで、すべてが解決したわけではなかった。

チンパンジーの生涯は、五十年前後といわれている。複雑な社会のなかで短くない一生をおくる彼らにとって、幼児期から十代の経験はとても大切だ。不自然な環境で成長することや社会経験不足から、同種の群れに馴染《なじ》めない者はめずらしくない。

しかし、ゴヒチは、コミュニケーション能力に優れた穏やかなリーダーに成長した。性成熟や繁殖行動にも問題はなく、そうして生まれたのが息子のユウだった。

この動物園で育ったユウは、父親のゴヒチにくらべるとはるかに平穏な幼少期を過ごしたといってもいいだろう。しかし、五歳のときに実母が病死。まだ心身ともに庇護者《ひごしゃ》が必要な年齢だったユウのピンチを救ったのは、唯一の雌ルナだった。

母親と死別した子どもの世話を別の雌が引き継ぐ、いわゆる乳母行動はチンパンジーの世界では時々みられるものだという。つまりユウにとって、ルナは母親代わりということになる。

ルナは、乳母としてユウの世話をするなど優しく懐の深いところもあるが、基本的にはプライドが高く、好き嫌いがハッキリした性格で、チンパンジーにも人間にも厳しい。ユウにとっては厳しい親戚のおばさんのようなもので、そろそろ大人の仲間入りをしてもいい年齢になった今も、頭が上がらないという状態だった。

ルナは、このチンパンジー舎で一番の古株だ。

一九六八年頃のアフリカ生まれで、一歳くらいのときに、かみね動物園にやってきた。十歳を過ぎても園内で開催する動物ショーに出演していたというが、それは山内がここで働く何年も前の話だ。

ショーに出演しているチンパンジーの多くは、トレーニングのために群れとは隔離したところで飼育される。なかには完全に人間の世界だけで成長する者もいる。だがチンパンジーは五、六歳になると腕力が強くなると同時に反抗心が芽生え、人間が制御することが難しくなるといわれる。多くの者は、これをきっかけにショーを引退していくのだ。

若いときのルナの生活がどんなものだったのか、山内には詳しくはわからない。しかし、人間の行動や言葉の理解力、対応能力はメンバーのなかでも突出して高かった。そしてそれが、飼育員への厳しい態度につながることも少なくなかった。

たとえば朝食の前に、飼育員がヨーグルトを与えるとき。これは整腸作用を目的にしたものだが、嗜好性《しこうせい》が高いのでチンパンジーたちにとっても楽しみのひとつになっている。山内が個室のフェンス越しにスプーンを差し出すと、ルナはおとなしく座って口を開ける。

だが新しく配属された飼育員が相手だと、突然スプーンを摑んだり、払い落としたりすることがある。チンパンジーの身体は、筋肉のかたまりだ。瞬発力も腕力も、とても人間のかなうものではない。たとえそうしようとルナが思わなくても、何かの拍子に腕などをひきずりこまれたら怪我《けが》は免れないだろう。こうした事故がおこらないよう注意すること、そして彼らの反応に動揺しないことも担当飼育員の重要な仕事のひとつなのだ。

そして、それはチンパンジーたちもよくわかっている。威嚇《いかく》して相手の反応を見ることで、ここに出入りするに値する、信頼できる相手かどうかを確かめることは彼らのスタンダードな行動だ。なかでもルナは、定期的な確認作業を怠らない〝審査官〟だった。

*

群れをつくるため、まずはメンバーを集めなければならない。

チンパンジーの社会は、雄のリーダーを中心に形成される。現在は、ゴヒチがその役割をはたしているが、将来は世代交代で息子のユウが群れをまとめるようになると考えるのがもっとも自然だった。

「新しく迎えるのは雌。できれば三個体」

現場責任者の山内を中心に園内で相談した結果、さっそく新メンバー探しが始まった。

しかし、受け入れを希望する側が主導権を握ることは、現在の動物園業界ではほとんどないといっていい。なかでもチンパンジーは、ワシントン条約によって絶滅のおそれのある種《しゅ》に指定され一九八〇年以降、海外からの輸入は原則禁止されている。

それによって進められたのが、国内での繁殖計画だ。ペア飼育から群れ飼育へ動物園業界の方針が変わりつつあるなかでは、近親交配を避けることも重要な課題になる。そのため今、日本で飼育されているすべてのチンパンジーは、血統登録によって管理されている。

新メンバーを迎えるには、これらの事情を踏まえたうえで余剰個体を探すしかない。具体的には、全国の動物園から発表される出入希望の個体リストから問い合わせをしたり、動物園関係者が集まる会議やセミナーなどで得た口コミ情報をもとに「我が園に来てもらえませんか？」と相談をするのが一般的な方法とされている。

しかし、いずれの動物園でもチンパンジーは人気動物だ。チンパンジー舎が代表施設になっているところはめずらしくないし、大学や研究機関と連携して行動や生態について共同研究をおこなっている園もある。いろいろな意味で重視されている動物なので、数を減らしたいと考えるところは少ないのだ。

それでも、まったく可能性がないわけではない。

それは仲間に馴染めない、他のメンバーとの交流を拒否しているなど、コミュニティのなかで居場所を確保できずにいる者だ。

これは前述したように実験動物やタレント動物として暮らしたことによって、チンパンジーの世界に必要なコミュニケーション能力が育たなかったことが、ひとつの原因になっている。また幼少から群れのなかで育っていても、適齢期になった雌が仲間に馴染めなくなったり、近親交配を避けて隔離しなければならなかったりすることもある。

つまり余剰個体とは、何らかの理由で現在飼育されているところに居場所がないと判断された者である場合がほとんどなのだ。

しかし、仲間に馴染めなかった者でも、しっかりした群れのリーダーと生態をよく理解した飼育者がいる環境に移ることによって、問題の多くは解決するといわれている。社会経験が不足した者でも、友人を得てコミュニケーションのコツを学ぶ機会を得た結果、安心できる居場所を見つけられるケースもある。

霊長類の飼育に長年たずさわってきた山内は、国内外の報告からそうした事例があることをいくつか耳にしていた。いずれにしても新しく群れに加わるメンバーは、これまで苦労の多い人生を歩んできた可能性が高い。だからせっかくこの動物園に来てくれるチンパンジーがいるのなら、先入観にとらわれずに群れにとけこめるよう飼育員としてできる限りやっていこう。

山内がそう考えていたところ、他園との交渉を担当していた獣医師から報告が入った。

「うちに来てくれるコが決まりましたよ！」

関西エリアのある動物施設で飼育されていて、名前はジュンコ。年齢は十七歳で、幼い頃からタレント動物として長く活動してきたらしく、人間とのコミュニケーションは得意だという。

ジュンコ、どんな子なのだろう？　うちに馴染んでくれるといいのだが……。

二〇〇六年の秋、山内をはじめ飼育員らの期待が高まるなか、ケージが積まれたトラックが動物園に到着した。

＊

ジュンコは、とてもフレンドリーなチンパンジーだった。

山内が顔を見せると、ウンウンと何度もうなずきながら指をこちらに差し出すチンパンジー特有の挨拶をした。ショー経験のある個体は、不安なときに人間を味方につけようとすることがある。飼育員としてキャリア豊富な山内は、その相手として最適と判断したのだろう。

さらに檻の前で正座をして手を叩《たた》くなど、人間の興味を強く引きつける態度を見せた。

「かわいいな」

愛嬌《あいきょう》たっぷりのしぐさに、山内はじめ集まった飼育関係者の多くが表情を崩した。

するとジュンコは、さらにウンウンと小さくうなずいてみせた。歯は見せずに口元をゆるめている。チンパンジーの笑顔だ。

山内は、そんなジュンコの行動のすべてに感動していた。

これまで唯一の雌のチンパンジーのルナは、人間を深く観察するタイプだった。人との接触経験が豊富で、メンバー三人のなかでも抜群に頭が良い。ときにはこちらの注意を引きつけておいて侮るような行動を見せることもあって、いつしか山内は緊張感を持ってつきあうことがあたりまえになっていた。

しかし、今、目の前にいるジュンコは、会ったばかりだというのに拍子抜けするほど素直に友好的な気持ちを伝えようとしている。

「会えて嬉《うれ》しい。仲良くしようね」

まるで、そう語りかけているようだった。

自分のことを人間だと思っているふしがある——。以前の飼育担当者は、ジュンコについてそう説明していた。それが本人にとって幸せな要素でないことは、山内にもよくわかっている。とはいえ人間とのコミュニケーションに長《た》けたチンパンジーには、あらがえない魅力がある。友好的なジュンコの存在に、山内は深い感動を覚えるのだった。

だがチンパンジーどうしになると、ムードはやや違っていた。

ゴヒチとユウの雄たちは、ジュンコをあきらかに異質なものとしてとらえていた。性的な興味を示すことはなく、その行動から「彼女はチンパンジーではない」といわんばかりなのだ。しかし、それが排除や攻撃につながることはなかった。

　山内の目から見るとむしろ逆で、彼らにとってジュンコは、自分たちの手の届かない存在で、ときには畏敬の象徴といっても大げさではないと思いたくなる態度を示すこともあった。

　そうなると一番気を遣わなければならないのは、やはり同性どうしの相性だ。

　まずは隣接した寝室にそれぞれジュンコとルナを入れて、格子越しに対面させることにした。さっそくルナが「あなた、誰？」といわんばかりに、威厳たっぷりにジュンコに近づいた。

　気の強い女王様気質のルナに、ジュンコがやられてしまわないだろうか？　山内はハラハラしながら見守った。かなり興奮ぎみではあるが、お互いに腕をさわり合うなど、チンパンジーの挨拶はどうにか成立しているようだ。だが山内が安心したのもつかの間、突然ジュンコがルナの指に嚙《か》みついた。

　ギャー！

　ルナの叫び声が、コンクリートの壁に反響した。

　自分が誰かにやられるなど考えもしなかったルナには、これほどショックなことはない。完全に頭に血がのぼっている。だがジュンコは勝ち逃げするように格子から離れてしまい、ルナにはどうすることもできない。これによって、二人のあいだに大きな確執が生まれたことは確実だった。

山内や集まっていた飼育関係者は、そのやりとりにすっかり圧倒されてしまった。

「一緒にしたら、大変なことになりそうですね」

「展示場に出すのは、あまりに危険ですよ」

そんな判断から、ジュンコはこの動物園にやってきてから一年あまり、群れに入ることができずにいた。

しかし、いつまでも隔離しておくことはできない。チンパンジーの社会では、大小の違いはあるが争い事は日常茶飯事なのだ。ときには怪我をすることもあるが、そうやってある程度の決着をつけることでコミュニティの秩序が保たれているといってもいい。

チンパンジーをよく知る山内にとっては当然のことであり、それだけに自分ができることが実はそれほど多くはないことを知っている。この問題を乗り越えられるのは、当事者であるルナとジュンコだけなのだ。

*

二〇〇七年、いよいよ山内と生江、多くの関係者が見守るなか、展示場で二人を対面させる日がやってきた。

個室からジュンコが姿をあらわすと、さっそくルナがものすごい勢いで駆けよっていった。腕を摑んで思い切り引っ張る。キーキーと興奮の声が周囲に響く。一方、ジュンコも一歩もひかなかった。気の強さと運動能力ともにルナにまったくひけをとらないようで、互角のまま激しいもみあいが続いた。だがやがてルナの方が少し優勢になり、嚙みつき攻撃が始まった。

チンパンジーが嚙む力は絶大で、摑み合いとはくらべものにならないほどのダメージにつながることがめずらしくない。

キャー。

悲愴《ひそう》な声が展示場に響いた。山内と生江が緊張に息をのんだとき、ルナとジュンコのあいだに割って入る者がいた。

ゴヒチだった。

興奮する二人をなんとか力ずくで引き離し、ジュンコを背にして、ルナの前で両腕を広げた。

チンパンジーの世界では、背にされた者は庇《かば》われたことを意味する。特にリーダーがこうした行動をとったら、群れの誰も攻撃はできない。ゴヒチはおそらく、危険を察知したのだろう。すみやかに争いを終結させて、ジュンコをコミュニティの一員として認めることをルナに促したのだ。

長年紅一点として生きてきた女王様には、ショックなできごとだったはずだ。山内の目に、ルナはしばし呆然《ぼうぜん》としているように見えた。しかし、リーダーのゴヒチの意思なら従うしかない。それがチンパンジー社会のルールなのだ。

それからしばらく緊張状態に入ることはあったが、ルナとジュンコが激しく争うことはなくなった。

＊

新動物舎の建設計画は着々と進んでいた。

行政施設の建設は通常、競争入札によっておこなわれ、動物園関連の施設も多くは例外ではない。だが今回のプロジェクトの設計では、企画・提案内容を重視したプロポーザル方式が採用された。

動物舎というのは、専門的な要素が多い建築物だ。壁やガラスの強度、採光、電気配線、水場や排水など、人間が使用する建物とは根本的に優先順位が違う。そのため、ある程度の経験がなければ設計は難しい。しかも、新チンパンジー舎の建築は、この動物園の五十年の歴史を記念すると同時に、今後を左右する重要プロジェクトなのだ。

そこで暮らすチンパンジーたちにとって何が必要で、何が重要なのか？

ベースになるプランは、飼育責任者の山内を中心に意見がまとめられていった。ポイントはいくつかあるが、山内が特に強く希望したのは高さを確保することだった。チンパンジーたちは、高い場所を好む習性を持っているのだ。

これまでの動物舎も寝室用の個室は、広さ高さともそれなりの条件が整っていた。だが展示場については、チンパンジーが好む樹上性を感じられる要素は乏しかった。来園者が歩く通路側からは、脱走防止の堀を隔てコンクリートフロアが見える。昼間、彼らが過ごす場所は主にそこになっている。周辺は高いコンクリートの壁で囲まれていて、これは逃走防止のフェンスの役割をはたすものだ。フロアには多少高低差がつけてあるが、おそらく彼らにとってはフラットなスペースといってもさしつかえない状況だ。

新しいチンパンジー舎の展示場には、タワーと呼ばれる見晴らし台の設置が計画された。

最低でも十五メートル。

これが山内の出した条件だった。三階建てのビルを超える高さの三つのタワーを通路やロープでつなぎ、そこをチンパンジーたちが自由に行き来する。人間ならバランスをとることさえ難しい場所で、彼らは三次元で飛び跳ね、走り、遊び、そしてノンビリと日向《ひなた》ぼっこを楽しむ。

それは動物たちが本来持つ能力の特徴や高さを引き出し、来園者がそれらを目《ま》の当たりにできる装置でもある。ここで暮らすチンパンジーにとって快適で楽しく、そしてここを訪れる人々は驚きや発見、思わず微笑《ほほえ》んでしまうシーンに出会うことができる。

さらに周辺には樹木を植えて、それらはタワーと絡み合うように育っていく。数年後、そこはまるで森のように見える――。

そんなイメージが固まってきたとき、生江が提案した。

「施設の名称ですが〈チンパンジーの森〉というのはどうでしょう」

いい名前だと、山内は思った。

動物舎は、工事終了とともに完成するわけではない。むしろスタートはそこからで、何年もかけて大切に育んでいくものなのだ。樹木が成長するまで五年から十年。太平洋を望む森でチンパンジーの群れが暮らしている。それは、かみね動物園でしか見られない光景になるはずだ。

建設予定の場所は、園内でも特に起伏のあるところだった。高低差は十メートル近くあり、設計・建築がしやすいところではなかったが、土地の特徴をうまく活《い》かしたプランが提案された。展示場の正面からはタワーを空高く見上げるが、標高の高い裏手に立つとタワーの頂上はもっと近くに見える。そして敷地を囲う壁に数か所、アクリルガラスを入れる。

こうすることによって、いろいろな角度からチンパンジーの自然な姿を見ることができるというわけだ。

チンパンジーのエンリッチメント①

見晴らし台をつくる

木の上で暮らすチンパンジーにとって、高い場所はもっとも安心できるところ。かみね動物園〈チンパンジーの森〉でも15メートル近い3つのタワーが設置されている

丸太やロープをレイアウト

3つのタワーは、丸太やロープでつながって行き来ができるようになっている。チンパンジーは不安定な場所ほど楽しそうに駆け巡る。ロープは飼育員が時々レイアウトを変えて環境に変化をつける

基礎工事が終わり、しだいに施設の形状が見えてきた。工事は順調に進んでいった。

*

一方、チンパンジーの群れには、新しい問題が生まれていた。

「ユウが、怪我をしているようです」

休み明けの山内が、同僚職員から報告を受けたのは、ジュンコが展示場デビューをして二か月ほどたったときだった。個室でユウを観察すると肢《あし》の内側に裂けたような傷ができているので、急いで獣医師に連絡を入れた。きちんと治療をすれば大丈夫とのことで、山内は少しだけホッとしたが、こうしたことは実は初めてではなかった。

稀に小競り合いはあるものの、ルナとジュンコはそれなりにうまく付き合える仲になっていた。だがそれにともない、メンバーの力関係は少しずつ変化していた。

ユウは、ゴヒチを頼りきっている。

十代なかばなので大人の仲間入りをするにはじゅうぶんな年齢だが、父親譲りの優しく穏やかな性格を強く受け継ぎ、体格も成人の雄にしてはやや心もとない。そのためなのだろうか、相手に強く出ることができない。実際、ルナを怒らせないようにいつも気を遣っている。そのためオドオドとした態度になることが多い。

それがジュンコの神経を刺激するようだ。

人間には明るくフレンドリーなジュンコだが、それは幼少期を人間社会のなかで過ごしたためだ。自分を人間だと思っている、あるいは特別な存在だと認識しているふしがあり、そのためチンパンジーには強気な態度をつらぬいた。

きっかけは些細《ささい》なことなのだろう。そしてユウはある意味、ジュンコのイライラをひきだすツボを刺激する天才なのかもしれない。攻撃される頻度は日々増え、程度はエスカレートしていく。さらにジュンコがユウを攻撃するとき、ルナがそれに加担するようになっていった。

女性どうしの争いには仲裁に入るゴヒチだが、そこに息子がからんだときは基本的にはノータッチ。リーダーとしては真っ当な対応で、それがユウのためでもあるのだ。

しかし、状況はしだいに深刻になっていた。最初は多少の抵抗や反撃をしていたが、やられる頻度が増えていく。ルナとジュンコに追い詰められ、恐怖のあまり声をあげるユウの声が展示場に響く。その調子は、日々切迫していった。

プロジェクトのメインは、チンパンジーの群れをつくること。しかし時間の経過とともに、彼らの関係はむしろ悪化しているのだった。

その2 新メンバーはミドルエイジ

そのチンパンジーの目には、まったく表情がなかった。

顔の色は真っ白。体は全体的にブヨブヨで、チンパンジー本来の筋肉のかたまりのような張りはまったく感じられない。そのせいだろうか、動きのひとつひとつが緩慢だ。

彼女の名前はマッコ。年齢は三十歳。この日、関東圏内のある動物園から、かみね動物園に到着したばかりだった。

新施設のオープンにあわせて、チンパンジーの群れをつくる。そのプロジェクト責任者で飼育員の山内のもとに、ふたりめの新メンバーが加わることになった。

「もう何年も、外に出ていないそうです」

園長の生江からの説明で、マッコのこれまでの暮らしぶりが少しずつわかってきた。

彼女は一、二個体と一緒に暮らしたことはあるが、群れ生活の経験はない。そして、ここに来る直前は、単独で屋内の個室で暮らしていたという。太陽の光を浴びずにいると、チンパンジーの顔は漂白したようになる。話には聞いていたが、実際に見るのは山内にとってこれが初めてだった。

これまでの彼女に何があったのだろう？

プロフィールを詳しく調べてみると、その半生は波瀾万丈《はらんばんじょう》といっていいものだった。

幼い頃のマッコは、ある水族館で暮らしていた。チンパンジーが水族館で飼育されていたと聞いて疑問に思う人は多いだろうが、彼女はイルカと一緒にショーに出演するタレント動物だったのだ。

当時の名前は、ミミ。

チンパンジーは、体質的に水に浮くことができないため本能的に極端に水を嫌うといわれている。しかし、ミミは生まれたときから人間に育てられ、トレーニングによって水への恐怖心を克服することに成功した。こうして国内はもちろん世界でもめずらしい、イルカに乗るチンパンジーとして活躍するようになったのだ。派手な水着を着て颯爽《さっそう》とイルカにまたがるミミは、水族館ショーのスターだった。

しかし、ある日、悲劇がおこった。

ミミがプールサイドに立っているとき、老朽化した鉄の手すりが根本から折れる事故が発生したのだ。ショーのときはライフジャケットを着用しているが、陸上パフォーマンスでは衣装しか着けていない。手すりごと落下したミミの体は、イルカが泳ぐプールの奥底へと沈んでいった。

異変に気づいたトレーナーがすぐに飛び込んで救助したが、ミミはパニックになっていた。それ以来、水に近づくことができなくなりイルカショーを引退しなければならなくなったのだ。

タレント活動ができなくなったチンパンジーの行き場は、通常は動物園になる。水族館からの要請で、飼育スペースに余裕のある園にミミは引き取られることになった。

人間の世界からいきなり動物の世界へ放りこまれたミミは、言葉もルールも社会の優先順位もわからない。もしかしたらチンパンジーを目にすることさえ、初めてだったのかもしれない。まわりの者へのアプローチ方法はおろか、挨拶のしかたさえ身につけていなかった。

そんなミミにとって、チンパンジーの世界は異星といっても大げさではない。そしてメンバーにとってミミは、宇宙人のようなものだった。

いじめの標的になるのに、時間はかからなかった。

仲間に馴染めない者がいる状況は、担当飼育員としても心配の種だ。安全確保のためにも、常に各個体の動きに気を配らなくてはならない。そして、一度排除されてしまった者は、多くの場合グループ内で居場所を見つけることは難しい。

そんなとき、チンパンジーの受け入れを希望する動物園があるという情報が入る。動物のことを案じる飼育員であれば、新しい環境でなんとかやってくれたらと考えるのは自然なことだ。こうしてミミは、いくつかの動物園への移動をくりかえした。しかし、安住の地を得ることはできなかった。

年齢を重ねるうちにミミは、いつしかマッコという名で飼育されるようになっていた。だが名前が変わっても、この世界が怖いことだらけなのはまったく変わらない。仲間と関わらないことが、自分の身を守る唯一の方法だった。

とはいえチンパンジーは本来、群れで暮らす動物だ。仲間とのコミュニケーションなくして、心身のバランスをとることは難しい。チンパンジーの生態や行動について研究する専門家のなかには、マッコが精神の病に苦しんでいることを指摘する者もいた。

*

新しいメンバーを迎えて、チンパンジーの群れをつくる。

このプロジェクトの責任者になった山内は、人間の都合によって複数のチンパンジーがとりかえしのつかないダメージを受けている事実をあらためて知ることになった。

子どものチンパンジーというのは、本当にかわいい。まるで人間の子どものようであり、しかし人間の子どもよりも運動能力やある種の表現力や理解力、トレーニングによっては抑制力を身につけられる。つまり利用しやすいということだ。

しかし、その年月は限られる。人間が直接扱えるのは、五、六歳までといわれている。

それ以上になると体力、腕力ともに、人間の男性でもかなわない。年齢限界を超えてもショーに出ているチンパンジーは、しだいに自分の力が人間を上回っていることに気がついてくる。威嚇すれば嫌なことをやらずにすませることができる、不満やイライラが解消できる。こうしたことを覚えてしまうのはとても危険だ。

そして一度身につけたことを抑制するのは難しい。できるのに、してはいけないことが増える。それは本人にとっても苦しいことだ。人間に対して厳しく、侮れない要素が目立つルナも、十歳を過ぎてもショーに出ていたと山内は聞いたことがある。そうした意味では彼女も、被害者のひとりなのかもしれない。

そして、チンパンジーの生涯は長い。

彼らの人生に大きなダメージを与えた、人間の罪を消すことはできない。だからせめてこの場所では、チンパンジーとしての生活を少しでも楽しめるようにしてあげたい。山内は、そう思うのだった。

マツコは、およそチンパンジーらしくないチンパンジーだった。

せわしなく体を動かし、興奮して叫び声をあげることがほとんどないのだ。これまでの個室生活で体力が衰えていることも多少響いていたようだが、超マイペースでホンワカした〝不思議ちゃん〟といってもいい性格だ。そんなマツコは、山内の心を和ませるのにじゅうぶんな魅力を持っていた。そしてトレーニングを受けた元タレントだけあって、人間とコミュニケーションをとることは得意なようだった。

なんとかここで、居場所を見つけてくれればいいのだが……。

過酷な半生を思いながら、山内はマツコへの責任を静かに受け止めるのだった。だがくりかえしになるがチンパンジーのコミュニティに関して、飼育員としてできることは限られている。ほかのメンバーが、マツコに何を思うのかコントロールすることはできないのだ。

まずは、リーダーのゴヒチと対面させることになった。

チンパンジーの世界でリーダーの雄の存在は絶対で、そのため雌はていねいな挨拶が欠かせないといわれている。これを破ることは群れのルールに反するとみなされ、ほかの雌が失礼な態度を厳しく罰することもめずらしくない。

マツコは、どうするのだろうか？

山内や園長の生江、ほかのスタッフが見守るなか、しかしマツコは、ゴヒチを見ても挨拶をする様子はなかった。だが無視しているわけでも、警戒しているわけでもなさそうだ。マツコは、ひとりでいる時と同じペースでそこにいる。やはりチンパンジー社会のルールを知らないというのは、本当らしい。その態度はリーダーを立てるという態度からは程遠く、「私は、私なの」と言わんばかりだった。

「ここまでマイペースはめずらしいな」

「本物の不思議ちゃんですねぇ」

見守っていた職員から苦笑まじりの声がもれる。あまりに自分の世界を崩さないマッコに、山内もさすがに驚いてしまった。

それはもしかしたら、ゴヒチも同じだったのかもしれない。最初は少し呆《あき》れているようだったが、やがてマッコを見守るような眼差《まなざ》しになっている。つかず離れずの距離をとって、しばらく静かに座っていた。

「ここに、いればいい」

まるでゴヒチは、そう言っているようだった。

＊

その一か月後、さらに新しいメンバーが加わった。

九州の動物園からやってきたチンパンジーで、名前をヨウという。

彼女もタレント活動の経験があり、引退後に初めてチンパンジーの群れに加わったというプロフィールの持ち主だ。幼少期とその後で、住む世界がガラリと変わった点では、ジュンコやマッコと同じだった。

だがヨウは、チンパンジーのコミュニティに馴染むことができた。おそらく苦労はあったのだろうが、社会のルールを覚え同性の仲間も得て、性成熟や繁殖行動についても問題はない、心身とも健康な雌のチンパンジーとしての暮らしを手に入れていた。だがひとつだけ問題があった。

育てない母親――。

それがヨウに貼《は》られたレッテルだった。

出産経験はこれまで三度あったが、子育ての経験はゼロ。出産までは順調なのだが、ヨウは生まれた子どもにまったく興味を示さなかった。育児放棄された新生児は、時間とともに体温が下がる。安全確保のためには、飼育員が保護するしかない。

こうしてヨウが産んだ子どもたちは、すべて人工哺育《ほいく》になった。

人工哺育の何が悪いのか？　子どもたちが無事に育つのなら、それでいいではないか。そう考える人もいるだろう。

これが犬や猫などのペット動物なら、あまり問題にはならない。生涯人間と一緒に暮らす彼らは、むしろ成長過程でたっぷりと人の手をかけることで、結果的にストレスの少ない生活をおくることができるからだ。

しかし、チンパンジーは、人間と生涯を共にすることはできない。子どもたちは母親との関係をベースに、一緒に遊ぶ同世代や世話をしてくれる年長の者たちから、社会のルールや言葉を学びながら成長する。こうした経験がある子どもたちは、チンパンジーのコミュニティで暮らすうえでの苦労も少ない。子育てをすべて人の手でおこなうというのは、経験や学びのチャンスを奪うことにつながるのだ。

だから人工哺育は、飼育員にとって大きなジレンマを抱えることになる。

命はもちろん大切だ。だが将来、この子が苦労することをわかっていながら、自分が手をさしのべてもいいのか？　そもそもヨウが子育てをしない理由も、幼少期に母親と過ごす時間がほとんどなかったことが原因ではないかといわれている。

ヨウの元担当飼育員は、行動学などをベースに育児行動の可能性をさぐっていたこともあったようだ。だがまったく変化はなく、やがて育てない母親の評価はすっかり定着していた。

育てない母親によって、チンパンジー社会に馴染みにくい子どもたちが増えていく。そこに新しいメンバーを募集している動物園があるという情報が届き、ヨウの移動が決まったのだった。

＊

新しいメンバーを迎えて、山内はゴヒチの人格者ぶりに感心するばかりだった。

ルナに加えて、ジュンコ、マツコ、ヨウいずれも個性が強い。言葉や常識が、微妙に通じないところもある。年齢も中年といわれるところにさしかかり、頑固な要素も増えてくる。だがゴヒチは、女性たちのキャラクターを受け入れ、この群れの一員として一緒にやっていこうとうながしたのだ。

なんて優しく、懐が深いのだろう。自分の主張を押しつけることもせず、些末なことにもとらわれない。しかし、群れの和平を保つための目配りは欠かさない。まるで苦労して傷つきようやくここに辿《たど》りついた旅人に、安息の地を与える長老のようだ。

「ゴヒチさん、いつも、ありがとう」

山内は、朝と夕方かならず群れのリーダーに声をかけた。これもまたチンパンジーの飼育員として、大切な仕事のひとつだ。

飼育員の行動や態度は、おのずと群れの雰囲気に影響をあたえる。声をかける順番はトップの者から。尊敬し、頼るべきなのはゴヒチなのだということをみんなに感じてほしいからだ。

一方で、メンバーのあいだに不公平感を与えてもいけない。かならず全員と一対一でコミュニケーションをとる時間をつくることが、日課になっている。

もし何か問題行動があったら、まずは環境や接し方に原因がないか考える。そして仲間の前で叱《しか》るのは厳禁だ。チンパンジーは、その姿を見られることで自尊心が大きく傷ついてしまう。だから教育的指導のタイミングや場所には、特に注意を払わなければならない。やり方を間違えてしまうと、飼育員との信頼関係まで揺らいでしまうことになるからだ。

その逆で、些細な事でも褒めることは忘れない。

優しい行動や思いやりを感じるしぐさには「いいね」「えらいね」、そしてフレンドリーな表情や行動には「かわいいね」と声をかける。

また雄のチンパンジーは、一日に数回ディスプレーという行動をとる。大きな声をあげたり、物を投げる、叩くといった行為を通して、自分が雄であることを周囲にアピールするのだ。かつてはこの行為を叱ることが、飼育現場で人間が主導権を握るポイントになると思われていたが、現在はむしろ褒めるチャンスになっている。

「さすがゴヒチさん!」「かっこいい!」

少し大げさなくらいに、言葉や態度で表現する山内のなかには〝自分に自信を持って行動してほしい〟という想《おも》いがある。

こうして新しく入ったジュンコ、マツコ、ヨウの三人とも少しずつ仲良くなっていく。それぞれ問題を抱えながらも、彼女たちのキャラクターを知るほどに山内にとって愛着が深まっていくのだった。

だが、まったく気が抜けない状態も続いていた。それは群れ唯一の若い雄、ユウのことだ。

女王様気質のルナ、自分を人間と思っているふしがあるジュンコ。ふたりの争いが一段落してからというもの、ユウへの攻撃は一層エスカレートしていた。

小柄とはいえ雄なりの体力はあるので、ユウもやられっぱなしというわけではない。しかし、強気のねえさんふたりの気迫の前で、気力の面で完全に負けてしまっている。逃げまわりながら女性たちの興奮がおさまるのを待っているということも多く、山内から見ていてもなんとも心もとないのだ。

新しい群れづくりを目指しているはずが、実はその道は遠のいているのではないか——。

焦っても意味はない。しかし、冷静に現状を考えるほどに、山内のなかで暗澹《あんたん》たる思いが大きくなっていくのだった。

*

最初に麻酔から目覚めたのはジュンコだった。

少しだるそうではあるがスムーズに体を起こす。するとまもなく、ほかのメンバーも動きだした。自分が置かれた状況を確認するように、ゆっくりとまわりを見回している。

二〇〇八年六月、かみね動物園の新しい動物舎〈チンパンジーの森〉が完成した。

この日、メンバー全員の引っ越しがおこなわれた。飼育員が直接ふれることが危険な動物は基本的に麻酔で眠らせた状態で移動するが、それはチンパンジーも例外ではない。獣医師が完全に意識がないことを確認したら、担当職員が協力してそれぞれケージに運びこみ、そのまま新しい施設の個室に移動させる。

動物たちにしてみたら、さっきまで馴染みのある個室や展示場にいたはずなのに、意識が途切れたつぎの瞬間、まったく見知らぬ空間に移動していることになる。そこには移動に関するプロセスも、自分の意志もない。

だから引っ越しは、多くの動物にとって恐怖や不安そのものだ。なかには急激に食欲が落ちたり、一定の場所に身を隠そうとするなど、ストレスや警戒心から通常とは違う行動をとろうとする場合もある。

しかし、チンパンジーは、引っ越しをしたその日からスムーズに新しい環境に馴染んでいった。なにしろ目覚めたときから「ここはどうなっているの？」「へえ、こんなものがある」といった感じで、好奇心旺盛《おうせい》にまわりをチェックしていく。ひとまず安全が確認されるとさらに活発に動きだし、より快適な場所、面白そうなものを探そうとする。

「さすがはチンパンジー」

園長の生江は、動揺もせずに新しい家に興味をよせる様子にすっかり感心している。

「よかった。落ち着いてますね」

集まっている職員たちが頷《うなず》く横で、山内もひとまずホッとした。

そして、自分はいつもチンパンジーの明るさに救われているとあらためて感じるのだった。

見慣れない物が目に入ったり、何かの置き場所のちょっとした違いに恐れおののいてしまう動物がめずらしくないなか、彼らは場所や物へのこだわりが少ない。もちろん個人の好みはあるが、なにかに強く固執することはなく、それがないとダメという状況は皆無といってもいい。表現のひとつずつが派手なのも特徴で、気持ちの高まりを声や動作であらわすことは、彼らの日常的な行動のひとつだ。

つまりこだわりがなくて天真爛漫《てんしんらんまん》というのが、チンパンジーの基本的な性格といっていいのだろう。その特徴は、環境がガラリと変わる動物舎の新築のような場面では安心材料だった。

なにより山内が嬉しかったのは、引っ越し完了からほどなくメンバー全員がタワーに興味を持ってくれたことだった。

最低でも十五メートルという山内の希望には、設計上の関係でわずかに届かなかったが、三つのやぐらを横板などでつないだタワーは、さっそくチンパンジー本来の動きを引き出していった。手足を使って流れるような動きでスルスルと頂上まで登ると、すぐに細い木材をつたって隣のやぐらに移る。ぶらさがって勢いをつけると斜め下の踊り場に飛び降り、そのまま横板の上をダッシュで通過していく。

体を動かせば気持ちも盛り上がる。展示場内に楽しそうな甲高《かんだか》い声が響くと、さらに行動もダイナミックにすばやくなってくる。

彼らの身体能力の高さ、動きの美しさを目前に、山内ら人間たちは、ただ上空を見上げるばかりだった。

＊

チンパンジーって、すごい――。

新施設が公開されると、来園者の口からはそんな言葉が頻繁に聞こえるようになった。人々が展示場の前で立ち止まる時間もあきらかに長くなった。

半地下の屋内に入ると、アクリルガラス越しにチンパンジーたちの姿を間近に見ることができる。人間が大好きなジュンコは、来園者がやってくると自分から近づいてくる。ウン、ウンと、うなずくように顔を上下させたり、握手のように手を差しだしてくるチンパンジーの挨拶を披露すると、多くの人が「かわいい」と声をあげる。アクリルガラス越しに並んで記念写真を撮る親子連れもいる。

さらにほかの動物を見たあとに二度、三度と戻ってくる来園者もいる。以前から動物撮影を目的にした写真愛好者はいたが、その数も格段に増えていた。

かみね動物園五十周年記念事業の第一弾〈チンパンジーの森〉は、来園者に好評で順調なすべりだしをみせた。しかし、これはあくまでスタートでしかない。霊長類を十年以上担当し続けたベテラン飼育員の腕の見せどころは、ここからだ。

開園前や夕方、チンパンジーたちが寝室に入っている時間帯に、山内は通常の業務を手早くすませると展示場のタワーに自ら登る。見ているだけではあまりわからないが、わずかに移動するだけでタワーはグラグラと揺れる。もちろん命綱をつけているが、それでも立って歩くことなどとてもできない。

こんな不安定なところを彼らは、平気で走りまわっているのか。

あらためてチンパンジーの身体能力に感心させられながら、山内は慎重に準備してきたロープをタワーのあちこちに結びつけた。ピンと張ったもの、大きく弛《たる》ませたもの、複数のロープをわざと絡ませてその先を何方向かに拡散させたもの、さらにその途中に新しいロープを結びつけて片方をほかのタワーに延ばしていく。

チンパンジーたちにとって既成のタワーが大通りだとしたら、山内が取りつけたロープは裏通りや横丁の小路のようなものだ。ロープの途中に大きな結び目をつくったり、食べ物を隠せる場所をとりつけたり、ボールをぶらさげたりする。そんな〝遊び〟の要素を増やすことによって、そこで暮らす動物たちが少しでも変化のある毎日を過ごせるようにするのだ。

環境エンリッチメントについて、山内が初めて耳にしたのは二〇〇〇年頃のことだ。それ以来、具体的な方法や効果のある実例について霊長類行動学専門の研究者に話を聞いたり、同業者が集まるセミナーや勉強会に参加して情報収集を続けてきた。

ロープを使ったエンリッチメントは、霊長類の飼育担当のあいだではもっともスタンダードな方法だ。とはいえ、やみくもにロープを張っても動物たちは喜んでくれない。彼らが好む状況や空間、あるいは好奇心を刺激する仕掛けをつくり、さらにそれを継続させていく必要がある。つまり常に新しいネタを出していくということだ。

それは大変なことではあるけれど、山内にとってもっとも楽しい仕事のひとつだった。日常の業務のなかでとれる時間は限られるが、チンパンジーの生態と個別の性格や好み、行動の癖などをあわせて考えながら工夫を重ねていく。

ここまで登っていったとき、このくらいの距離にロープがあれば、きっとそれを摑みたくなるはず。彼らの身体能力があれば、つぎはこの場所に移動できる。そこまで行くと、いつもとはちょっと違った光景が目に入る。もう数メートル先へと視線が動けば、彼らが使える空間はさらに増える——。

そんなことを考えているときの山内は、自分自身のなかにチンパンジーの感覚が入り込んでいるといってもいいのかもしれない。これまでの数多くの経験をもとに、自分の心を彼らの気持ちに重ね合わせていくのだ。

新しく取り付けたものを使って、さっそく彼らが新しい行動や遊びを楽しんでいるとものすごく嬉しい。だがほとんど無反応でガッカリすることもある。

選択肢は多いほうが良い。でも複雑であればウケルというわけではない。最初は人気

があるが、わずか数日でブームが去ってしまうこともめずらしくない。反対にさほど凝ったものではないのに、意外と人気が長続きするものもあるのだ。

エンリッチメントの導入は、来園者の視線も意識しなければならない。施設そのものが人間から見て美しく、面白く、チンパンジーたちの動きが魅力的に見えるように工夫するのだ。

展示場の敷地内には、何種類かの植物も植えられた。これらが数年かかって育ち枝葉をのばしていけば、この施設は名前のとおり〝チンパンジーの森〟になるはずだ。そう山内は思っていたが、なかには植えるそばからチンパンジーたちがさっそくオヤツや遊び道具にしてしまう植物もあった。

ちょっと残念だが、これも彼らのエンリッチメントになっているのだから正解としよう。丸坊主になった植物を見ながら、山内は思うのだった。

*

新しい施設は、おおむね好評だった。

しかし、このプロジェクトの核心である〝チンパンジーの群れをつくる〟ことに目を向ければ問題が山積していることはあきらかだった。

事件がおこったのは、新しい施設に引っ越してからしばらくしたときのことだ。

ルナに追いかけられるうちに屋内展示場の端に逃げこんだユウが、なんとか脱出しようとジャンプしたら、偶然ゴヒチに飛びかかるような状態になってしまったのだ。非常事態とはいえ、息子が父親、しかも群れのリーダーに飛びかかるなど絶対に許されないことだ。これには寛容なゴヒチも本気で怒った。

それ以来、ゴヒチは息子に厳しい態度をとるようになってしまった。それでもユウが諦《あきら》めないで近寄ると、立ち上がって追い払おうとする。ときには追いかけることもある。これほど仲の良い父子がいるのかと思うほど一緒にいることが多かったのに、そんなほのぼのとした光景はもう見られない。ユウはすっかり畏縮してしまい、それでもなんとか許してもらおうと努力し続けた。しかし、父親の怒りはなかなかおさまらなかった。

一方、女性メンバーはひとまず同じ空間にいるが、コミュニティ形成には程遠い状態だ。だからなおさら仲の良い父子の存在は、群れの雰囲気づくりに大きく貢献していた。だがその関係にも亀裂が入ってしまった。

ゴヒチとユウの関係は、三か月ほどしてようやくやわらいだものになったが、元通りとまではいかない。ゴヒチの機嫌が良ければ、並んで日向ぼっこをするなど微笑ましい光景も見られるようにはなったが、以前のような仲良し父子という雰囲気には程遠い。

さらに大きな問題は、ルナ、ジュンコとの関係だ。

年上女性ふたり組は、今やイライラをユウにぶつけることを日常にしていた。そのせいでユウは、いつもビクビクしている。もともと気弱でのんびりタイプで、相手の機嫌をとろうとするところがあるが、ルナとジュンコには、それがかえってイライラの原因になっているようだ。

追いかける、殴る、噛みつく。

暴力の頻度は、日々高くなる一方だった。身体能力や体力はユウの方が上なのでたいていはうまくかわしているが、そもそも気持ちで負けている。女性陣に捕まるとやられてしまうことのほうが多い。出血をともなう傷を負い、しょんぼりとしていることも一度や二度ではなかった。

そんなある日、決定的なことがおこった。

山内が見ていたところ、きっかけはいつもとあまり変わらなかった。ルナとジュンコが近づくと、ユウはビクビクとしはじめる。それとなく距離をとろうとするユウだが、緊張しているのでさりげなく視線をそらすなど自然な態度がとれない。ふたりの年上女性は、しだいに苛立《いらだ》ちをつのらせていく。

それはチンパンジー特有の気持ちの高まりとなって、甲高い声をあげたり、タワーの鉄骨を叩いて大きな音を響かせるなど、派手な動きになっていく。

それによってユウの態度は、よりいっそうぎこちなくなる。

ルナとジュンコが、爆発したようにユウにかけよっていった。一目散に逃げるユウ。身体能力では上回るのだが、恐怖と緊張のためなのだろう、すぐに追いつかれてしまう。普段なら攻撃を振り払って逃げさえすれば、ルナとジュンコもやがてクールダウンしていく。しかし、今日の女性ふたり組はいつにも増して激しい。やがて追い詰められ、なぎ倒されたユウの上に、ルナとジュンコが乗りかかりガブガブと噛みつきはじめた。展示場に土煙がモウモウと立っている。

いつもと様子が違う！

そう思った山内だが、ふたりに押さえつけられているユウの様子が角度の関係でいまひとつよくわからない。この騒ぎのなかで、ユウはどのくらい反撃しているのか。はっきり見えるところに急いで移動する。

ようやくユウの姿が見えたとき、山内は血の気《け》が引いた。

手足からは、完全に力が抜けていた。そこにはまったく意思が感じられなかった。起き上がることはもちろん、反撃もできない。それでもルナとジュンコの攻撃はおさまることはなく、ユウはただそれらを体でうけとめ続けていた。その騒ぎに興奮したマッコまでが、便乗してユウに手をあげようとしている。

「緊急事態だ！」

山内は、管理室に駆けこみ収容扉の操作レバーを摑んだ。とにかくユウに逃げ場をつくらなければ。

「ユウ！　入れ！」

攻撃をかわして、なんとか自力で逃げてきてほしい。

その一心で、山内は名前を呼び続けた。だが展示場には、ルナやジュンコの興奮した声が響き渡るばかり。土煙のなかから、ユウの姿があらわれる気配はない。

扉はむなしく開いたまま、結局は争いが自然におさまるのを待つしかなかった。

＊

激しい攻撃にユウは外傷を負い、またしても獣医師の世話になった。だが心理的なダメージは、おそらくもっと深刻だ。そのことを思うと山内の気持ちは、深く沈んでいくのだった。

チンパンジーは、雄を中心に群れをつくる動物だ。現在はゴヒチがリーダーとしてメンバーをまとめているが、やがてその役割は世代交代を経てユウが担うことになる。それは山内ら人間の希望的観測ではなく、雄としてここに生きている限り揺るがない事実といってもよかった。

しかし、このままではそれも望めないのではないか。

山内は、同僚飼育員と何度も話し合った。

チンパンジーは群れで暮らすのが、もっとも自然といわれている。その環境を動物に与えること、さらに来園者にその姿を見せることは、現代の動物園の役割であり存在意義のひとつでもある。だからこそ大きな予算のもと数年越しのプロジェクトが進行することになったのだ。

そして彼らの社会は友好的な関係を結ぶ一方で、生傷をともなう争いや諍《いさか》いをくりかえすといわれている。人間から見るとその激しさに驚いてしまうこともあるが、ルール違反や相性の良し悪《あ》しによってそうしたことがおこるのは自然なこと。それを自力で解決することもチンパンジーの社会性のひとつなのだ。

しかし、これはいくらなんでも限度を超えていた。群れをつくることにこだわるあまり、特定のメンバーの安心や快適さが損なわれるのは本末転倒だ。

このままでは、ユウの雄としての人生がめちゃくちゃになってしまう――。

それだけは避けたい。山内は、現場の責任者として決断しなければならなかった。担当飼育員としては群れのメンバーに優劣をつけることは、本来してはいけないこと。しかし、これは緊急事態なのだ。今は、ユウの心身の健康と安全、健全な成長を守ることを優先するしかなかった。

「ルナとジュンコを引っ越しさせることにします」

同僚飼育員のあいだに異論はなかった。

報告を受けた園長の生江も、これまでの経緯から今はこれしか選択肢はないと判断するしかなかった。

こうしてルナとジュンコは、旧動物舎に移された。

〈チンパンジーの森〉からは、百メートル足らず。ゴヒチはタワーのてっぺんに登り、旧施設の方向を眺めることが多くなった。これまで長年親しんできたルナ、五年近く一緒に暮らしたジュンコが、ある日突然姿を消した。しかし、気配は感じる。時々声も聞こえる。

そんな事態にゴヒチが戸惑わないわけがない。

山内は、ゴヒチに対して申し訳ない気持ちでいっぱいになった。だがユウのことを考えると、やはりこれ以外の方法はなかったという結論に至ってしまう。

新しい動物施設とともに、チンパンジーの群れをつくる。このプロジェクトは来園者増加という経営面での核になると同時に、チンパンジーたちの生活の質を向上させることにつながるはず。

そう考えながら山内が、この仕事に取り組み続けて五年以上。建物は無事に完成した。だがそこで暮らすチンパンジーたちに目を向ければ、結果的にはメンバーを引き離す事態になっている。

これまでに迎えた新メンバー、ジュンコ、マツコ、ヨウ。彼女たちが、さらに強烈なキャラクターのルナと一緒に暮らすことができるようになったのは、優しく賢いリーダーのゴヒチのおかげだった。

いつも自分は、ゴヒチに助けられている。このプロジェクトが始まってから、山内は特にそうした思いを強くしていた。

しかし、そんなゴヒチのために自分は何をしたというのか？

長年連れ添ったパートナーを奪うことの重みと責任。山内の胸に、不甲斐《ふがい》ない思いばかりが打ちよせる。

「ゴヒチさん、すまない……」

群れのリーダーは、ベテラン飼育員のもとに自ら近づいてくると穏やかに体を揺すってみせた。それでもなお信頼をよせてくれる。懐の深さでは、もはや誰もかなわない。

しかし、その表情は、これまでにない寂しげなものだった。

その3
懐の深いヒト

〈チンパンジーの森〉は、ひとまず平和になった。

だが言葉を変えれば、それは活気を失っているともいえた。

担当飼育員の山内は、彼らの好奇心を刺激するための工夫、いわゆる環境エンリッチメントの考えにしたがって、タワーから延びるロープの本数を増やし、新しい通り道をつくる工夫を日々の業務のかたわら続けていた。その効果は小さくなく、これまでにない動きや楽しげな様子を来園者に見せてくれることもある。だが大人のチンパンジーの群れには、遊びそのものをいつまでもくりかえし楽しむという雰囲気は薄い。

環境エンリッチメントは、毎日の食事時間にも取り入れられている。

朝、山内はカットしたフルーツや野菜を入れたバケツを抱えて展示場のなかを歩きまわる。草の陰やつるしたボールのなか、タワーの上やその土台のわきなど、複数の場所に食べ物を置くためだ。野生のチンパンジーは、常に森のなかを移動しながら食べ物をさがす。じゅうぶんな栄養が摂《と》れない日もある過酷な状況ではあるが、そうした変化の多い日々がむしろ彼らの心身を健康な状態に保つのだという。食事に手間と時間がかかる環境をつくることもまた、飼育員の大切な仕事なのだ。

とはいえ野生環境とはあまりに違う。食事時間は、長くて十分もかからない。リーダーのゴヒチ、息子のユウ、超マイペースのマッコ、そしてその後にやってきたヨウという大人ばかり四人の群れは、何をするともなく一日の大半を静かに過ごしている。

〈チンパンジーの森〉は、あいかわらず好評だった。

しかし、本来のチンパンジーの明るく活発なキャラクターを知る山内にとって、彼らの魅力を伝えきれていないことは一目瞭然《いちもくりょうぜん》だった。こんなものではない。チンパンジーの身体能力はもっとすごく、頭も良くて感受性豊かな動物なのだ。

そう思うものの今のところ、決定的な改善策はない。こうして時間ばかりが過ぎていった。


ヨウの体調に変化があらわれたのは、そんなときのことだった。

妊娠が確認されたのだ。

チンパンジーの発情周期は平均三十六日で、一週間から十日は卵巣ホルモンの影響で会陰部《えいんぶ》や肛門《こうもん》周辺の性皮と呼ばれる部分が赤く膨らむ。これは受精できることを雄にアピールする視覚的なサインなのだが、人間の目には少し痛々しく映るため、心優しい来園者から「チンパンジーが怪我をしている」と通報を受けることもある。

妊娠したかどうかは、発情期間が終わり一か月ほどでわかる。最近は人間用の妊娠判定薬で測定して、陽性反応が出たら獣医師の診察を受けるというのが通例だ。三、四か月以降は超音波検査も可能になる。

子どもの父親はもちろんリーダーのゴヒチだ。来園以来、ヨウはこの環境に馴染んで立派に新しい命を宿すことができたのだ。

山内をはじめチンパンジー担当飼育員全員にとって、これまでで一番嬉しいニュースだった。なにしろチンパンジーの妊娠・出産は、かみね動物園では十九年ぶりのこと。つまり豊富なキャリアを持つ山内にとっても、これは初体験の出来事なのだ。

ヨウの体調は安定していて、獣医師の診察ではお腹《なか》の子も順調に成長していた。チンパンジーの妊娠期間は約八か月。

もうすぐ赤ちゃんが生まれる！

そう考えるだけで、山内は自然と笑顔になった。この群れに幼いチンパンジーが加わることを想像すると、心が浮き立ってくる。そして遠く九州からやってきて次の世代をつないでくれようとしているヨウに、感謝の気持ちでいっぱいになるのだった。

だが同時に、心配も大きくなっていた。

育てない母親――。それがヨウに貼られたレッテルだった。

なぜ彼女は、子どもを育てようとしないのか？

チンパンジーは五、六歳くらいまでは、完全に母親に守られながら群れのなかで成長する。母親と共有する時間のなかで必要な社会性や生殖、子育てに関連する行動を身につけるというのが、専門家や研究者のあいだでの一致した見解だ。そしてヨウは、幼少期をショービジネスの世界で過ごしている。因果関係ははっきりしないが、チンパンジー社会での経験不足が理由のひとつになっている可能性は高かった。

生まれてくる命を守るのは、飼育員として当然のことだ。もしもヨウが育児放棄をしたら、すぐに人工哺育にきりかえるしかない。しかし、それでは必要な経験ができずに育つチンパンジーを増やすだけになる。成長してからチンパンジー社会に入る苦労は、並大抵のものではない。ルールがわからないと変わり者と認識され、いじめのターゲットになりやすい。

今、日本で暮らすチンパンジーのなかには、こうした理由から心身を疲弊させている者が少なくないのだ。

犬や猫のように生涯人間と一緒に暮らせる動物であれば、人工哺育もひとつの方法と考えていいだろう。だがチンパンジーにその選択肢は、あまりに無理がある。子どもの将来を考えると、やはり母親に育てられることがベストなのだ。

なんとかしなければ。

そう考える山内のなかでは、今こそ〝あの方法〟を試してみたいという思いがわきあがってきた。

＊

あの方法――、それは群れで暮らす経験が少ない母親のチンパンジーに、赤ん坊の扱い方を教えるというものだ。これは現在、動物行動学の専門家のあいだで研究テーマのひとつにもなっている。なかでも山内を強く惹きつけたのは、京都大学霊長類研究所でおこなわれた育児トレーニングだった。これはぬいぐるみなどを使って、子どもの扱い方を練習させるものだ。

育児放棄をする母親の反応は様々だ。

産み落とした瞬間に「ギャッ」と叫んでそのまま逃げる、近寄れないまま怖々《こわごわ》と眺めている、頭をさかさにしたまま足を掴む――、彼女たちに共通するのは、赤ん坊を胸に抱けないということだった。

一方、チンパンジーの赤ん坊は掴まる力が強く、母親の胸にしがみつけば簡単には離れない。研究者や飼育員のサポートによって一度その体勢になってしまえば、母親も子どもを受け入れて母乳を与えるなど、自然と世話をするようになるのだという。

トレーニングの効果については、まったく予測できない。だが山内は、試してみる価値があると考えた。

ヨウに貼られた〝育てない母親〟というレッテルを耳にするたび、山内は複雑な想いを抱《いだ》かずにいられなかった。育児放棄は、おそらくヨウの責任ではない。子育てをしないのは、その方法がわからないからだ。

本来は成長過程で学ぶものなのに、彼女はそうした経験をしないまま成長してきた。そのせいでこれまで三度も無事に出産していながら、チンパンジーの母親としてあたりまえに得られるはずの喜びや幸福感、充実感をいまだ味わえないままでいる。

そのチャンスを奪ったのは、いうまでもなく我々人間なのだ。

それなのに、本人の性格や能力に問題があるかのような一方的な評価をする。こうした状況に山内は、人間として、そして飼育員として悔しさと恥ずかしさが絡み合った気持ちになるのだった。

そして今、ヨウはここにいる。自分が関わっているからには、これまでに彼女が失ってきたものを取り戻す手助けをしたい。せめてヨウが母親として幸せになる、きっかけにつながることをしたいと山内は考えた。

「ヨウに、子育ての方法を教えてあげたいと考えています」

報告を受けた園長の生江も、育児トレーニングへの期待を抱かずにいられなかった。

大人のメンバーを集めてくるだけでは、本当の群れとはいえない。〈チンパンジーの森〉で群れが形成されるためには、出産と子育てが順調におこなわれ世代がつながっていくことが不可欠なのだ。

育児トレーニングを決断したのは、ヨウの元担当飼育員から「直接飼育ができる」と説明を受けていたことも大きかった。チンパンジーの腕力の前では、人間の力などひとたまりもない。彼らが本気を出せば、人間の指をちぎり、骨を砕き、体ごと吹き飛ばすなど簡単なことなのだ。そのため通常、担当飼育員は彼らと同じ空間には入らずに世話をしている。これを間接飼育といい、ライオンやトラなどの猛獣をはじめ、ゾウ、ゴリラ、カバなど多くの飼育現場ではこの方法が適用され、通常はチンパンジーもこれに含まれる。

だがなかには例外もある。動物から信頼されている飼育員であれば、ほとんど危険なく同じ空間ですごすことができるケースもあるのだ。直接飼育について、もちろん絶対に安全といいきることはできない。しかし、ベテラン飼育員の山内は、ヨウとのあいだに友好的な関係をしっかりと積み重ねてきている実感があった。

＊

ヨウの育児トレーニングがスタートした。

これまで山内は、檻やフェンス越しにヨウの手や体に何度もふれていた。ヨウはこちらを傷つけないよう気を遣っているのだろう、いつも優しくゆっくりと行動する。もちろん威嚇や乱暴な行動をとることは一度もなかった。

それでも初めて檻のなかに入るときは、さすがの山内も少しだけ緊張した。

完全に個室に入ってしまえば、きちんとヨウと向き合うことができる。だが出入りするときは、どんなに注意していても視線や体勢にスキができる。ヨウのほうも「トレーニングをやりたくない」「まだ一緒にいたい」など、不満や欲求が高まりやすい条件が揃《そろ》うときでもある。

事故が発生するとしたら、おそらくトレーニングの前後がもっとも確率が高くなる。そしてそうした事故は山内だけでなく、ヨウの心やキャリアも傷つけてしまうことになる。それだけは避けなければならない。

そう考えた山内は、とにかくヨウに集中できる方法を優先した。トレーニング中は園長の生江や同僚が扉の開閉をおこなったうえで同席するなど、絶対に単独行動にならないルールをつくった。

山内が個室に入って座ると、まもなくヨウは近づいてきて穏やかな表情で挨拶をした。トレーニングを嫌がる様子はなく、むしろ山内と一対一で過ごせることが嬉しそうだ。その反応に、見守っている一同がひとまずホッとした。

山内はさっそく、準備してきたぬいぐるみをとりだした。

それを胸に抱いて、大切そうに撫《な》でる。それをしばらく見せてから、ヨウにぬいぐるみを手渡そうとした。もちろん本物の赤ん坊と同じように、両手で支えながらていねいに扱う。だがヨウは、ぬいぐるみを受け取ろうとしなかった。何をどうしたらいいのかわからない様子で、しばらく悩んだあげく、山内が手にしたぬいぐるみの頭部を拳《こぶし》でコンコンと叩きだした。

「もう少し、やさしくしてあげようね」

そう言って山内が撫でて見せる。するとやがてヨウも真似《まね》をするようになった。

「ヨウさん、そうだよ。上手にできてるよ」

少しでも褒める要素があれば、山内はタイミングを逃さず声をかける。こうして〝正解〟を理解してもらうことが、このトレーニングの第一歩なのだ。さらにフルーツやヨウの大好きなリンゴジュースなどのご褒美もプラスする。

この方法を毎日、数回くりかえしていった。

だがヨウは、ぬいぐるみを数回つまみ上げたことはあったが、きちんと手にすることはなかった。さらにお腹にぬいぐるみを近づけると手でガードする。その態度はかたくなで、何度も試したが断固拒否の態度をつらぬいている。これだけは、どんなご褒美があっても絶対に譲れないという様子だった。

チンパンジーのエンリッチメント②

プロセスが必要な食事

野生動物にとって、もっとも多くの時間と労力をかけるのが食事。動物園でも隠してあるエサを探したり、容器から取り出すなどのプロセスをつくることによって食事の時間を長くする工夫をしている

流行のサイクルは短い

遊びの要素を含むグッズを与えることも多い。飼育員が100円ショップの商品を加工することもあるが、使うかどうかはチンパンジー次第。好評に見えても、一瞬にしてブームが去ることもある

同僚のなかには、育児トレーニングによって、わずかながらヨウが変わってきたのではないかと口にする者もいた。

だが長年チンパンジーと接してきた山内は、まったく手応えを感じることができなかった。ヨウは、ただ課題をこなしているだけなのだ。褒めてもらえるから、美味《おい》しいフルーツやリンゴジュースがもらえるから――、行動の目的はそれ以上でもそれ以下でもない。時間がたつほどに、ヨウには「ほらね、ちゃんとやっているでしょう?」といわんばかりのムードが色濃くなった。

このトレーニングによるヨウの心理的な変化は、おそらくほとんどない。そう感じる山内だったが、それ以上は、どうすることもできなかった。

二〇一一年二月七日。

前日の夜、ヨウにはまだ出産の兆候はなかった。

生まれるまで、おそらくあと二、三日だろう。そうなったら飼育責任者として、当分は休むことはできなくなる。この日、定休日のため自宅にいた山内がそんなことを考えていた昼すぎ、携帯電話が鳴った。

「山内さん、生まれました!」

興奮した同僚の声を聞いて、山内は車に飛び乗った。

自宅から動物園までは、車で四十分ほどの距離。ハンドルを握る山内のなかで「生まれた」という言葉が何度も反響した。

生まれた、本当に生まれた！　自分が世話をするチンパンジーの群れに、とうとう新しい生命が誕生したのだ!!

一瞬だけ、出産に立ち会えなかった口惜《くや》しさがよぎったが、これから対面する赤ん坊のことを想像したら、そんなことはまもなく吹き飛んでしまった。嬉しい！　飼育員として、こんなに嬉しいことはない。こんな経験をさせてくれたヨウに、早く「ありがとう」と言いたい。

動物舎に到着した山内は、真っ先にヨウの個室を見上げた。

チンパンジーは高い場所ほど安心できる性質を持っている。ヨウの快適な産褥《さんじょく》になるのではないかと考え、数週間前からハンモックをつるしておいたのだ。落下事故に備えて部屋全体に清潔なワラを敷き詰めて、フロアはマットレスのようになっている。

ギャーギャーという鳴き声が聞こえた。伸び上がってハンモックをのぞきこむと、小さな手足が見える。設置しておいたモニターの画面を確認すると、そこには元気な赤ん坊の姿があった。

「山内くん、やりましたね。よかった！　本当によかった！」

「山内さん、おめでとうございます！」

「よかったですね！」

園長の生江や同僚が次々に声をかけてきたが、山内はしばらく言葉がでなかった。

こんなに小さいチンパンジーは、今まで見たことがなかった。信じられないくらいかわいらしい体は、まだ弱々しいけれど、それでも立派な命としてここに存在している。ハンモックのなかで手足を動かす赤ん坊に、山内とそこに集まった誰もが笑顔になった。

だがこのなかに、ひとりだけ困惑の表情を浮かべている者がいた。

これ、なに——？

そこには、怖々とハンモックをのぞきこむヨウの姿があった。

＊

誕生から半日。ヨウは落ち着かない様子でウロウロと動きまわり、ときおりハンモックに近づいてなかをのぞきこんでいる。無関心ではないようだが、どちらかといえば異物への好奇心と恐怖心が混ざった様子で、赤ん坊に手をのばす気配はなかった。

いつ人工哺育を開始するのか？

その時期については、飼育員や専門家のあいだでいくつか意見がわかれている。

出産早々に母親が放置した赤ん坊は、みるみる体温が下がってしまう。ひとつは、生命維持のためにも、体力が落ちない早いうちに保護すべきというもの。その一方で、早すぎる保護はよくないという説もある。少し時間がたって興奮がおさまれば、育児を始める母親もいるというのだ。専門家のあいだでは生後七十二時間は放置しても安全、なかには四、五日までは問題なしという意見もある。

しかし、ヨウの反応に変化はなかった。季節は真冬。施設内には暖房が入っているが、母親の体温なしに夜を過ごすのは新生児には危険すぎる。

夕方、山内はそっと赤ん坊を抱き上げた。体重千八百二十グラムの元気な女の子だ。

「かわいい……！」

その存在をしっかりとこの手に感じると、あらためて喜びと感動がわきあがった。だが同時に、うっすらと落胆に似た想いが胸に迫る。

山内は、赤ん坊を抱いてヨウのもとへ近づいた。

ぬいぐるみで練習したようにお腹の近くに寄せてみたが、嫌がって手でガードした。なんとか腕に抱かせてみようとしたが、それさえもできない。関わり合いになりたくないという様子だ。ヨウの前に赤ん坊を横たえてみたが、つまみあげるように足を摑んで山内に渡してきた。

やはり人工哺育を開始するしかなさそうだ。

山内は哺育器の使用を決断した。これは人間の新生児用で、ある医療施設で使っていたのが寄付されたものだ。赤ん坊におむつをあてて、清潔なタオルの上に寝かせた。生まれてから半日間ほとんど放置されていたが、体調は安定しているようで、哺乳瓶に準備したミルクはみるみる減っていった。

名前は、父親のゴヒチと母親のヨウから一文字ずつとって、ゴウになった。

*

人工哺育にきりかえたとはいえ、山内はヨウの育児トレーニングを諦めてはいなかった。

ヨウはゴウをどう扱えばいいのか、わからない様子だった。

寝室のフロアにはワラが分厚く敷き詰められている。もともとは育児環境をつくるために用意したものだが、残念ながらいまだ用をなしていない。だが快適ではあるのだろう、ヨウはそこに座って過ごすことが多くなっていた。もしそこで子どもを抱いたら、そのまま育児を始めるかもしれない。

淡い期待を抱きながら一日に数回、山内はゴウを抱いてヨウのもとを訪れた。しかし、ヨウはあいかわらず子どもを拒否した。絶対に関わり合いになりたくない。そういわんばかりにひどく嫌がりながら、両腕でお腹まわりをガードし続けるのだった。

トレーニングとはいえ、無理強いはできない。山内の腕のなかにいるゴウを少しでも触ったり、撫でたりしたら「よくできたね」と褒める。だがそれは、ぬいぐるみを使ったときとまったく同じだった。ヨウの目的は言葉や食べ物という報酬で、心理的な変化がともなっているわけではないのだ。

出産から二週間がたったが、ヨウの態度はまったく変わらなかった。

やり方が悪いのか、これが自分の力量なのか、それとも自分とヨウとの相性の問題なのだろうか？　限界が近づいていることを感じながら、それでも山内は、トレーニングをやめることができなかった。

それはヨウの母親としての幸せとゴウの将来について、諦めることになるからだ。だが日を追うごとに、もう期待してはいけないという気持ちも強くなってくる。

この日もヨウの様子は、いつもと変わらなかった。

山内はゴウを抱き上げ、ヨウのお腹に持っていく。するとヨウは何の迷いもなく受け入れ、そのまま抱きしめたのだった。

その動きがあまりにスムーズだったので、山内は目の前でおこったことが咄嗟《とっさ》に理解できなかった。絶対にあり得ない。そう思っていたことが突然、現実になった瞬間だった。

四十数年の人生と、動物園で重ねた二十年近いキャリア。そのなかで山内は、これまでに何度か、我が目を疑う場面に遭遇していた。記憶にある限りでは、そのほとんどができれば現実であってほしくない出来事ばかりだった。

しかし、今は違う。

ずっとこのシーンを見たいと思い続けていた。でもあまりに突然のことで、とても信じられない。こんな経験は、山内にとって初めてのことだった。

「ヨウさん、すごい、すごいよ！」

興奮ぎみの山内の前で、ヨウは落ち着いた母親の顔をしていた。

そしてゴウを胸に抱きながら、ワラやタオルを自分のまわりに集めて円形に整えた。

これは母親と子どものための巣で、山内は一度も教えていないことだった。

本物の赤ん坊を抱くことによって、おそらくヨウのなかに眠っていた本能が目覚め、子育てに必要な行為につながったのだろう。

出産から三週間後のことだった。

＊

長時間、子どもと離れていたヨウは、すでに母乳で子育てをすることが難しくなっていた。ミルクを与えるのは飼育員がおこない、それとは別に母子の時間として〝抱っこタイム〟をもうけることになった。

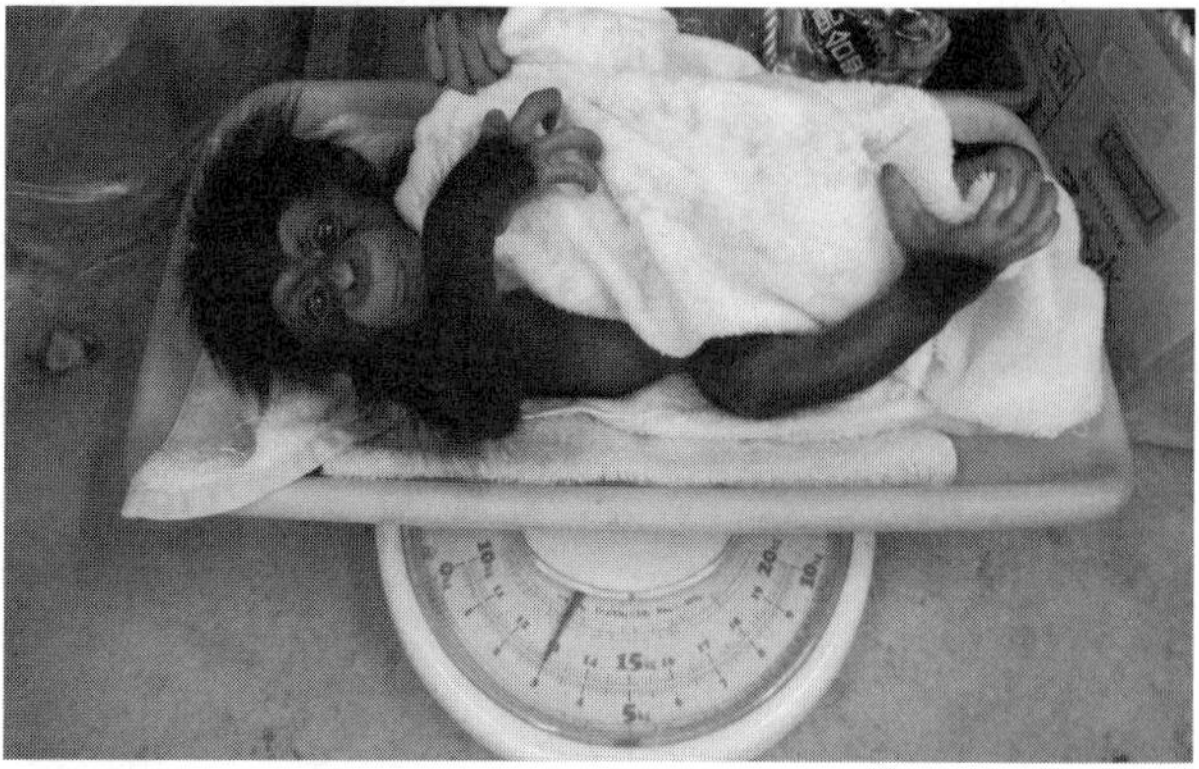

山内がゴウを連れていくと、ヨウは愛《いと》おしそうに我が子を抱きしめる。生後二か月近くになると、目が見えてきたゴウは、母親に興味をしめして活発に手を伸ばしてくる。無邪気に自分に摑まり、甘え、頼ってくる赤ん坊に、ヨウはますます親愛を深めている様子だった。

「ヨウさん、今日もよかったよ」

そう山内が声をかけると、ヨウも満足そうな顔をする。

そして素直に赤ん坊をこちらに渡してくれる。この言葉が〝抱っこタイム〟の終わりの合図だとわかっているのだ。正直に言えば、ヨウが少し淡々としすぎているのが山内は気になった。だがそのおかげで哺育管理がしっかりできる。哺育器を個室の前に置いて、格子越しにいつでも子どもの姿を見ることができるので、安心していたのかもしれない。

ゴウは順調に成長して、それにともないヨウと一緒の時間を少しずつのばしていった。ゴウが一歳になった頃から、母子は常に一緒に過ごすようになった。

*

ゴウが生まれてから半年ほど過ぎたとき、山内にとってさらに信じられないことがおこった。

マッコが妊娠したのだ。

個室にひきこもり心も身体も傷ついた状態で、ここにやってきてから約三年。大らかで優しいリーダーのゴヒチのもとで、自分の居場所を見つけたマッコは健康をとりもどし、さらに新しい生命を授かったのだ。

出産予定日には、マッコは推定三十四歳になる。国内で飼育されているチンパンジーとしては、最高齢の初産記録だった。

母体は大丈夫なのか、無事に生まれるのか、そして子育てはできるのだろうか？なにしろ〝不思議ちゃん〟のマッコである。未知数の要素をあげたらきりがない。そしてマッコもまた、ヨウと同じように母親に育てられた経験がなく、仲間が子育てをする様子を見ないまま成長している。

出産前の育児トレーニングにどのくらいの効果があるのか？　その効果はわからない

ままだったが、山内は飼育責任者として何かしないではいられなかった。

マッコの個室の前にテレビモニターを運び、チンパンジーの母親が育児をする場面を集めた育児トレーニング用のビデオを見せた。しかし、さしたる反応はなかった。

やはり生まれてみなければ、どうなるかはわからない。

二〇一二年四月二十七日、マッコは無事に男の子を産んだ。

母親として、どういう行動をとるのだろうか？

山内や生江、担当飼育員は、期待と不安のなかで見守った。もし子どもに危険があれば、すぐに対処が必要だ。だがマッコは、産み落とした子どもを大事そうに腕に抱えたのだった。

人工哺育で育ち、エンターテインメントの世界で長く暮らし、群れ社会に溶けこむことにも苦労を重ねたチンパンジーが、このように自然に子どもを受け入れ育てることはめずらしい。マッコがごく自然に母親になれたのは、なぜなのか？

それはおそらく、ヨウとゴウの影響だ。

マッコの妊娠がわかってから山内は、親子の隣の部屋をマッコの寝室にした。チンパンジーの学習にもっとも重要なのは、仲間の行動を見ることだといわれている。群れの経験が少ないマッコにとって、ヨウとゴウの日々を間近に目にすることは、育児トレーニングのひとつになるのではないかと山内は考えたのだ。

マツコにとってヨウの行動は刺激になり、もしかしたら憧《あこが》れの対象になったのかもしれない。

「あぁいうのいいなって、ずっと思ってた。だから赤ちゃんを抱っこできて、嬉しい……」

マツコは今、そう感じている。

表情と行動から、山内はそう思わないではいられなかった。

しかし、ひとつ問題があった。

生まれた子どもは、体重九百五十グラムの未熟児だった。野生では絶対に生きられないし、動物園でも群れに戻せば状況は同じだ。そのため人工哺育にするしか方法はなかった。

そこで考えなければいけないのは、マツコと子どもが一緒に過ごす時間についてだ。

「ヨウと同じように、スキンシップの時間をつくりましょうか」

同僚の飼育員から出た意見は、もっともなものだった。

ある程度体重が増えるまで、栄養管理は人間の手でおこなわなければならない。しかし、母親が育児放棄をしているわけではないのだから、精神や情緒といった心の成長のためにも一緒に過ごす時間はとても大切だ。それはマツコのためでもあって、母親としての喜びにひたる彼女から、子どもを取り上げてしまうのはあまりにかわいそうだ。

チンパンジーのエンリッチメント③

－アイテム－

消防ホース

廃棄された消防ホースを
ハンモックなどのグッズに加工して利用

段ボール箱

被ったり入って遊ぶ。
解体してベッドとして使うこともある

じょうろ

100円ショップで扱う子ども用のもの。
オヤツの入れ物にもなる

ペットボトル

フードを入れて与えたり、
投げるなど玩具として利用することも

ボール

タワーに吊るし遊び道具に。
内部にフードを仕込めるタイプもある

靴下・ぼうし

これも100円ショップで購入。
人間と同様、履いたり被って遊ぶ

だが山内のなかには、別の思いもあった。

「ヨウにくらべると、マッコは子どもへの愛着が強い。もし、もう一度抱かせたら、二度とこちらに返してくれないかもしれない」

こうなったら、やはり子どもの安全を優先するしかない。ある程度成長して体がしっかりしてくること、格子越しに哺乳瓶でミルクを与えることができるようになることという二点をクリアするまでは、人間の手で育てることになった。

そのかわり哺育器は、マッコの寝室の前に置く。格子越しではあるが、こうすればいつでも子どもの姿を見ることができる。

子どもは、リョウマと命名された。

山内やほかの担当飼育員が、マッコの目の前でリョウマの世話をする。少し興奮ぎみに熱心に子どもに見入るその姿は、あきらかに母親のものだ。ときおり、手を伸ばして受け取るしぐさも見せる。

「マッコさん、ごめんね。今はまだ、ここで世話しないといけないんだ」

姿が見えるのに抱っこはできない。最初は、これ自体がストレスになるのではないかという声もあった。だが山内が優しく説明を続けるうちに、マッコは少しずつ落ち着いた表情になってきた。

「安心して。リョウマは、今日も元気だよ」

こちらの気遣いをわかっているのだろうか。やがてマツコは、リョウマを安心して委ねてくれているようなムードで、山内の仕事を見守るようになった。

ここまで深く人間の意図を理解できるのは、おそらく人間社会で生活した経験がベースにあるからなのだろう。幼い頃にショービジネスで利用された結果、チンパンジーとして生きることに大きな困難を抱えたマツコだったが、その経験が皮肉ながら活かされたのだ。

リョウマは、感染症もなく順調に成長した。生後十か月。体重も平均まで増えて体調も安定していた。格子越しの哺乳練習もリョウマはすぐに理解して、ミルクの入った瓶を持ってくるとすぐにやってくる。これなら母親のもとに戻しても大丈夫と判断された。

いよいよ母子一緒の生活が始まる。

リョウマがひとりでいる部屋の扉を開けると、マツコは待ちかねたように駆けよった。あまりの勢いに、リョウマは少し戸惑っているようだ。その様子にすぐに気づいたのだろう、マツコはリョウマの隣にコロリと寝転がりリラックスした姿を見せた。そのムードにリョウマも安心したようで、少しずつ距離を縮めている。そんなリョウマに合わせるようにマツコはゆっくりと手を伸ばし、やがてしっかりと胸に抱き寄せた。

そこにあるのは、母親として充実した顔だった。そしてリョウマもまた、四肢でしっかりとマツコにしがみついている。

翌日から、母子はスムーズに展示場へと出ていき、そして夜は寄り添って眠るのだった。

＊

ゴウとリョウマ、ふたりの子どもの存在は、群れのムードを大きく変えた。

活発な子どもたちは、おぼつかないながらもタワーの横板やロープを伝いながら、あちこちへ動きまわる。地面に降りるとひんやりした草が気持ちいいのか、コロンコロンと転がって、起き上がったとたんに走って別のタワーを登りだす。

子どもたちが動くと母親はちょっと心配なのだろう、ヨウとマッコも一緒になって動きまわる。雌のチンパンジーは、おおむね幼子には優しい。他人の子であってもかわいがるし、いたずらにも寛容だ。そこから母親どうしの交流も自然と生まれてくる。

だが母親になっても、本質や性格が大きく変わるわけではない。マッコはあいかわらず超マイペースで、チンパンジーのマナーや作法からはずれた行動をサラッとやってのける〝不思議ちゃん〟のままだ。そんなマッコに、ヨウはときおり「なにそれ？」と驚いたり呆れたりしていることもある。だが大人どうしの微妙な空気も、ゴウとリョウマが明るく蹴散《けち》らしてくれる。

ゴヒチとユウも、たとえば子どもがタワーに登ろうとしているとき、大きくジャンプしなければならない場所でスッと手を出してサポートしてやる。一般的には雄のチンパンジーは子育てにはほとんど関与しないといわれていて、これはかなりめずらしい行動だ。

　それどころか二人の幼子がかわいくてしょうがないのか、ゴヒチとユウはよく遊んであげている。ゴウとリョウマが特に好きなのは、くすぐり遊びだ。体をねじらせながらキャッキャと声をあげると、さらにゴヒチとユウはくすぐり続ける。さすがは優しく大らかなボスと、その血をひく息子だ。

〈チンパンジーの森〉は活発なムードとともに、穏やかで優しい雰囲気につつまれるようになった。ひとときもジッとしていないゴウとリョウマは、新しい遊びを次々に考えだし、実行する。そんな子どもたちに少々翻弄《ほんろう》されながら、大人世代も一緒になって楽しんでいることが伝わってくる。

　来園者のあいだからは、頻繁に歓声や笑い声があがる。思わず吹き出してしまうユーモラスなシーンやダイナミックな動きの連続は、大人のメンバーだけのときにはほとんど見られなかったものだ。

　チンパンジーの特徴は、明るくて活発で、小さなことにはこだわらない、それでいて高い社会性を身につけているところだと、山内は思う。そんな彼らの魅力を来園者に見せたい。そのために群れづくりは不可欠で、気づけばプロジェクトがスタートして十年近くがたっていた。

日本初、人工哺育を経たチンパンジーの群れづくりに成功した飼育員――。

やがて山内の名前は業界内に広まり、その仕事ぶりをひとめ見ようという同業者や研究者の視察や訪問が増えていった。

しかし、山内は嬉しい反面、少し恥ずかしかった。

自分は飼育員として、何をしてきたのか？　何度も自問したが、今もはっきりした答えは見いだせない。正面きって評価されると、居心地の悪さを感じることも少なくない。

だから山内は、こう答える。

「ほとんどは、ゴヒチさんのおかげです」

それは、謙遜《けんそん》でもなんでもない。やはりリーダーのゴヒチなしに、このチンパンジーの群れづくりの成功はあり得なかったのだ。

ここに集まったメンバーは、多くの苦労の末になんらかの問題をかかえた者たちだった。それぞれ個性が強く、タイプも経験値も違い、融通のきかない年齢にさしかかっている。そんな彼女たちが、ここを安心できる住み処にすることができた。山内にとって「ゴヒチのおかげ」というのは本心であり、そして事実だった。だからそれを理解してくれる人がいると、すごく嬉しい。

「ゴヒチさんは、本当によくできた人ですね」

ある研究者が訪問したときの言葉に、山内の顔が輝いた。

「そうなんです。こんなに懐が深くて寛容な人、めったにいませんよ！」

ゴヒチはなぜここまで心優しく、多くの者を受け入れることができるのだろうか？

今さらその理由を追求することは難しいが、それには幼いときの環境が関係しているのだろうと山内は考えている。

わずか一歳で母親から引き離され、日本に連れてこられたゴヒチ。彼の世界は、研究室のケージのなかだけだったはずだ。しかし、わずか二、三メートル四方の限られた空間のなかながら、担当研究員はおそらくゴヒチにできる限りの愛情を注いだのだろう。

部外者の目が届かないところなので想像の域を出ることはないが、優しい言葉と穏やかな態度、そして目の前の動物の気持ちを思いやる感受性と想像力を持った人の手で、おそらくゴヒチは育てられたのだ。

だから子ども時代の体験や環境は、やはりチンパンジーの一生でもっとも大切なのだ。しかし、まったくやり直しができないわけではない。たとえ大人になってもサポートや環境が整えば、ヨウやマツコのようにチンパンジー本来の幸せをつかむこともできるのだ。

チンパンジーにとって「見ること」は一番の学習。このプロジェクトを通して、山内が実感したことのひとつだ。なによりチンパンジーは群れで暮らす社会性の高い動物だ。

彼らにとっては、複数の雄と雌、そして子どもたちという、性別、年齢ともに幅広いメンバーで群れを形成して暮らすことが、一番の環境エンリッチメントになることは間違いない。

彼らのためにできることは限られているが、工夫を続けることで群れづくりに適した環境や学習のチャンスを増やすことはできるはず。それが飼育員としての役目なのだと、山内は思うのだった。


しかし山内は、すぐには「めでたし」という気分にはなれなかった。

そこにはユウの人生を守るため、苦渋の選択があった。あれからまもなくルナが病気で亡くなり、ジュンコは旧動物舎でひとり暮らすようになっていた。

山内は、毎日かならずジュンコのもとを訪れて話す時間をつくっていた。手にしたプラスチック容器には、カットしたフルーツや野菜などのおやつが入っている。ドアの開閉や足音ですでに気づいているのだろう、バックヤードの通路を進むと展示場に併設された小部屋に戻ってきたジュンコの姿が見える。

「ジュンコさん、今日は風が涼しくて気持ちがいいね」

声をかけると、ジュンコは目をキラキラさせながらウンウンと頷いて挨拶をする。山内の来訪を待ちわびていたのは一目瞭然だ。ここでひとり過ごすジュンコの一日は、どれほど長いのだろう。そう考えると、山内のなかに苦い想いがよぎる。とはいえユウの辛《つら》い経験を考えると、再び〈チンパンジーの森〉に戻すことは不可能だった。

だが彼女もまた、チンパンジーの社会で幸せになる権利がある。

山内は、ジュンコの居場所を探し続けていた。そのポイントのひとつはマッチング。ジュンコが心穏やかに暮らせる環境が整えば、チンパンジーの群れでやっていくことは不可能ではないはずだ。

自分のことを人間だと思っているふしがある――。

以前の飼育担当者の言葉から、多くの人はそれが簡単なことではないと思うだろう。だがここには、ヨウやマツコのような実例がある。大丈夫、ジュンコもきっと幸せになれる。諦めないで、心穏やかに暮らせる場所を探し続けよう。それが飼育員としてやるべき仕事なのだと山内は思うのだった。

フルーツや野菜は、きれいになくなっていた。

「ジュンコさん、美味しかった？　よかったね」

声をかけると、ジュンコは嬉しそうに檻越しに指を差し出してきた。

それにこたえて山内も自分の指先をそっとつけた。弾力のある皮膚をとおして、ジュンコのぬくもりがほんのりと伝わってきた。

ジュンコが岡山県の池田動物園へ旅立ったのは、それから数か月後のことだった。

先住のチンパンジーは若いカップルで、ボス役の雄は気遣いのある優しいタイプだ。施設は来園者と至近距離で顔をあわせられるつくりになっていて、それは人間が大好きな彼女の才能を発揮するのにピッタリの環境だった。

穏やかな暮らしのなかでジュンコは今、同園の人気者として暮らしている。

アフリカハゲコウ

その1
すごい鳥がやってきた

鳥が、大空を飛ぶ。

そう聞いて驚く人は、おそらくいないだろう。

ところが動物園という空間では、そんな常識も一転する。ここで暮らす鳥たちの飼育環境は、この十数年で少しずつ変化してきた。ひと昔前に見かけたような狭いケージは減りつつあり、最近は鳥として自然な動きができる環境を確保した施設が主流になっている。

だがそれでも、彼らが生涯を〝籠《かご》の鳥〟として過ごすことに変わりはない。少なくとも現在の日本の動物園で暮らす鳥たちにとって、大空は果てしなく遠い世界なのだ。

ただ、唯一の例外を除いては――。

丘のむこうにあらわれたのは、二羽の鳥だった。

力強く翼をひるがえす姿が、わずか数秒のうちに大きくなる。巨大な鳥が派手な羽音を響かせながら地面に舞い降りると、客たちは驚きの声をあげた。

「自分で飛んで来よった！」

「キレイな鳥やねぇ」

「デカイなぁ！」

黒い翼は左右あわせて、二・五メートル近くもあるだろうか。細くて長い足にささえられた体は白い羽毛に包まれ、渋いピンク色の頭部からは、頑丈そうな長いクチバシが伸びる。体高は一・三メートルほどだが、草地を軽く蹴《け》りながら翼を広げる姿は、実際の数字よりもはるかに大きく見える。

二羽の鳥たちは、着陸とほぼ同時に、丘の一番上に立っているポニーテールの女性に近づいた。スタッフの佐藤梓《さとうあずさ》だ。

「この鳥は、アフリカハゲコウという種類でコウノトリの仲間です。こちらの少し小さいほうが雌で名前はキン、大きいのが雄でギンといいます」

スピーカーを通した佐藤のやや高い声がフィールドに響くと、客たちの視線はあらためて巨大な鳥と佐藤に集まった。

佐藤の服装は、ダークグリーンのポロシャツに紺のカーゴパンツという組み合わせで、これはスタッフ用のユニフォームだ。身長一六七センチと女性としてはやや長身なうえ、スレンダーで手足が長いのでさらにスラリとした印象だ。左手は素手。右手にだけグリーンのゴム手袋をつけているが、素材は一般家庭で使われているのと同じもの。特別な防具は、何も身に着けていない。

二羽のアフリカハゲコウは、そんな佐藤に甘えるように翼を広げたり、クチバシを腰のあたりに寄せたりしてくる。ウエストポーチ型の防水ケースのなかに、エサが入っていることを知っているのだ。

「この鳥は肉食で、ここでは鶏肉、牛肉、ウズラ肉をあげています。魚も大好きで、ニジマスもよく食べるんですよ」

佐藤が手際よくウエストポーチから取りだした肉片を投げ上げると、キンとギンは再び絶妙なタイミングでクチバシを開いた。

つぎの瞬間、ギンはくるりと向きを変えて助走に入った。長い足がフワリと宙に浮いて、数回羽ばたけば、すでに十数メートル先を滑空している。そんなギンに誘発されるように、キンの体も舞い上がる。先を行くギンが、ラインを描くように大きく旋回するとき、空中でキンとすれ違う。そこでキンもすかさず旋回に入る。ゆったりと優雅に方向を変えていくキンに対して、ギンのターンはキュッと音がしそうなくらい鋭い。

「かっこいい……」

若干の高低差をつけながら並んで飛ぶ二羽の姿に、集まった客たちがため息をつく。そのわずか数秒後、キンとギンは客たちの頭上ギリギリを通過して再び佐藤のもとへ舞い降りた。思わず身を縮める者、逃げようとする者、笑顔で見上げる者、鳥たちの勇姿を至近距離でとらえようとシャッターチャンスを狙《ねら》う者など、会場は俄然《がぜん》にぎやかになる。

ここは、山口県の秋吉台《あきよしだい》自然動物公園サファリランド。

秋吉台国定公園の北に位置する動物園で、広大な敷地にはライオンやトラ、ゾウ、シマウマ、チーター、アメリカクロクマなどが放し飼いにされている。サファリ式展示というコンセプトから、猛獣や大型草食動物を至近距離で見ることができる点が最大の特徴だが、それとは別に数年前から注目されているのがこの取り組みだ。ここは巨大鳥類のアフリカハゲコウのトレーニングをゼロからスタートさせ、フリーフライトの公開に成功した日本で唯一の動物園として、業界内外から一目置かれた存在になっている。

佐藤は、このプロジェクトにスタート時から深く関わってきた、アフリカハゲコウ担当チームのリーダーだ。

来園者の前でフリーフライトを公開するようになったのは、二〇一〇年からのこと。これは動物を擬人化したイメージの強い従来型のショーではなく、動物本来の動きや能力を至近距離で見られるように工夫されたものだ。

限られた時間のなかで動物の魅力を伝えるため、動きのきっかけはスタッフがつくるが、いつどんな行動をとるかはキンとギンの自由にまかせている。

会場になっているのは、サファリランド中央部にある小高い丘の上のイベントスペースだ。丘の下は来園者用の駐車場で、その横には数年前に新装オープンした遊園地がある。秋晴れの空に映えるカラフルな観覧車をバックに、二羽のアフリカハゲコウが飛ぶシーンは美しく、雄大だ。ここには囲いもフェンスもなく、空はどこまでも高い。もちろんキンとギンを物理的に拘束するものは何もない。

イベント終了の合図は、佐藤が吹くホイッスルだ。キンとギンは、さきほど登場した方向へと翼を広げた。みずから去っていく二羽の後ろ姿が、しだいに小さくなる。丘の上に取り残された人間たちは、ため息とともに感嘆の声を漏らすしかない。

鳥が、大空を飛ぶ。そう聞いて驚く人は、おそらく誰もいないだろう。だが実際にその姿を至近距離で目にした多くの人は、驚き、感動する。

そして、このイベントを見た誰もが思うのだ。

この巨大な鳥たちは、どうやってスタッフの合図を理解しているのか？　この動物園のスタッフたちは、なぜこの鳥たちとコミュニケートできるのだろうか？

＊

佐藤梓が獣医師としてこのサファリランドにやってきたのは、二〇〇五年の春のことだ。

出身は東京の中野区。登山が趣味の両親の影響で、子どもの頃から東京近郊、甲信越地方の山に頻繁に出かけていた。動物に特別な興味を抱《いだ》くようになったのは、山中で野鳥や野生動物に出会った体験がきっかけだ。いつしか動物に関わる仕事をしたいと思うようになり、学年が上がるにつれて獣医師という仕事が将来の夢になった。

獣医師をめざして北海道の大学に進学してからは、休みのたびに全国各地の実習に参加した。牧場や動物病院にも行ったが、なかでも熱心に取り組んだのが動物園実習だ。

動物園の獣医師は、数えきれない種類の動物を診《み》る。ウシやウマなどの家畜やペット動物にくらべると臨床データは少なく、いまだ手探りで治療をおこなわなければならないことが多い。命への責任を考えると厳しい職場だ。

それでも佐藤が実習で出会った獣医師たちは、今できることを貪欲《どんよく》に追求しながら、実に楽しそうに仕事をしていた。もっとも心惹《こころひ》かれたのは、飼育スタッフや獣医師が、常に動物の魅力を伝えようと創意工夫していることだった。

自分も、こういう仕事がしたい。そう思ったものの、動物園への就職はいずれも狭き門だ。獣医師の募集枠がある動物園を求めて全国各地を訪れ、ようやく縁がつながったのがここ秋吉台サファリランドだった。

仕事は予想以上に厳しかった。

動物園の仕事は、一日のほとんどが肉体労働だ。友人も知人もいないなか、最初は心身ともにこたえた。だが職場は男女とも若いスタッフが多く、そのほとんどが園に隣接する独身社員寮で暮らしている。通勤時間ゼロ分といっても大げさではない環境で、同僚とうちとけるのにさほど時間はかからなかった。そして気づけば、一束三十キログラムの干し草を飼料室のなかに大量に積み上げる作業なども、まったく苦にならなくなっていたのだった。

獣医師の仕事は緊張感をともなうことが多いが、それだけに毎日が新しい経験の連続だ。それらを糧《かて》にすることが、ここで暮らす動物たちの健康や快適さにつながっている。そう実感するとき、やはりこの仕事を選んでよかったと佐藤は思う。

この仕事の不満をあえてあげれば、常に日焼け止めを手放せないことだろうか。一年のほとんどを紫外線の下で過ごさなければならないのは、ここで働く女性スタッフ共通の悩みだ。

そんな佐藤が、アフリカハゲコウについて初めて耳にしたのは、働きはじめて五年目のことだった。

「今度、新しい鳥が来る。飼育とトレーニングを担当してみないか」

そう言ったのは、佐藤の直属の上司で動物部長（現園長）の池辺《いけべ》祐介《ゆうすけ》だ。

獣医師である池辺は、佐藤が入社するまでの五年間、園内ただひとりの獣医師としてすべての動物の健康管理から治療までをおこなっていた。同時にイベント企画や広報など、動物園経営の仕事にも深くたずさわってきた。

＊

そもそもこのサファリランドに、アフリカハゲコウを導入することを決めたのは池辺だった。日本での飼育数こそ十数羽と少ないが、海外の動物園では特別にめずらしい存在ではない。だがある画像を見てから池辺は、この鳥のことが頭から離れなくなった。

それは、アフリカのある国の街角の様子を撮影したものだった。バスや自家用車が土《つち》埃《ぼこり》をあげる未舗装の道路。その両側には簡素なつくりの住宅や商店が軒を連ねている。人通りが多く活気があるこのエリアは、おそらくこの国では平均的な庶民の町なのだろう。

その風景に溶けこむように、黒と白の羽の大型の鳥が映りこんでいた。買い物客などが行き交う横で、その鳥たちも当然という様子で長い足を一歩ずつ前へと運んでいる。肉屋の作業場からクズ肉らしきものが道に投げ出されると、すかさず大きなクチバシで確保した。肉屋の店員をはじめ、それを気にする人間は誰もいない。そして、鳥たちも人間の目を気にすることはない。

こんな鳥がいるのか――。

人間を恐れず、人間から干渉されることもない。人間の生活圏のなかで野生として暮らす鳥たちの姿に、池辺は強く惹きつけられた。

動物園で鳥を飼育するとき、ケージやフェンスなどで囲われた展示場を使うのが一般的だ。すべての動物にいえることだが、特に鳥は脱走防止には神経を使う。もしどこかに飛んでいってしまったら、捕獲はもちろん発見することさえ困難になる。鳥たちの安全を守るためにも施設のメンテナンスは怠れない。

もしオープンな形式で展示する場合は、羽切りと呼ばれる処置をして飛べないようにしておく必要がある。ちなみに羽切りには、毎年生え替わる風切り羽を切断する〝仮切《かりきり》羽《は》〟と呼ばれる方法のほか、生涯飛べなくなる〝断翼術〟と〝断腱術《だんけんじゅつ》〟の三種類がある。仮切羽の場合は多少飛ぶことはできるが、動物の本当の姿を来園者に見せるということからは程遠い。つまり現在の動物園の常識のなかでは、鳥の本当の能力や野生の姿を来園者に見せることは不可能といわれているのだ。

しかし、池辺はそんな常識を破ってみたかった。

鳥の最大の特徴は、大空を自由に飛ぶことなのだ。その姿を公開するためには、どうしたらいいのか？　そんなことを考えていたとき、目にとまったのがアフリカハゲコウだった。人里離れたサバンナやジャングルで生きる動物だけが、野生動物ではない。もともと人間と一緒に暮らしているこの鳥なら、動物園のなかでも野生に近い姿を来園者に見せられるのではないか——。

はっきりとした根拠はなかった。だが長年現場で仕事をしてきた勘から、池辺は「いける」と思ったのだった。

アフリカハゲコウの責任者として佐藤を抜擢《ばってき》したのは、彼女が四年前から鷹匠《たかじょう》の技術をもとに、ハリスホーク（北米から南米にかけて生息する小型の猛禽類《もうきんるい》）やフクロウのフライトを来園者の前で公開するイベントを担当していたからだ。そのテクニックや知識が、大型鳥類のトレーニングにどのくらい応用できるかは未知数だが、これまで獣医師として一緒に仕事をしてきて、佐藤の思いきりの良さと動物の心身に寄り添おうとするバランス感覚に、池辺は信頼を置いていた。あの独特のセンスは、ゼロからスタートする飼育とトレーニングに活《い》かされるはずと考えたのだ。

秋吉台サファリランドは、山口県内でホテル事業を展開する企業を母体にした民間動物園だ。動物園ブームで以前よりも入園者数は増加しているものの、行政運営の動物園にくらべると経営状況は厳しい。入園料だけをくらべても、民間は行政運営の動物園の三、四倍する。

またここ十年ほどは、動物園業界が注目を集めるにつれて新たな予算をつける自治体が増えているが、池辺を驚かせたのはその金額だった。地方の小規模の動物園でも十五億円、二十億円の予算がつくところがある。民間動物園には、とうてい手の届かない額だ。

ちなみにアフリカハゲコウの購入費は、一羽二十万円ほどだ。

「うちは二十万で、二十億に挑まなければならない」

動物園業界関係者の集まりで、池辺は冗談半分にそう言った。でも半分は本気だった。この世界で生き残るには、これまでの動物園にはない発想が必要なのだ。

フリーなフィールドで、アフリカハゲコウの姿を公開する。これは動物を擬人化したり、無理やり何かをやらせるものではなく、動物の生態や意思を尊重した動きを見せる行動展示のひとつだ。多額の予算を投じて施設をつくることはできないが、ここにはゆるやかな丘が連なる広い土地がある。それが実現すれば、ここ秋吉台サファリランドでしか見ることができない看板展示のひとつになるはずだ。

巨大な鳥が自由に空を飛ぶ。

それはベテラン動物園人としての新たな挑戦と、経営責任者の責務がかかった重大にして雄大な計画だった。

*

二〇〇九年十月、タンザニアから二羽のアフリカハゲコウがやってきた。

成田に到着したのは一週間ほど前。疲労回復と健康管理のため数日を千葉県内の動物商のもとで過ごし検疫をすませた後、この日、山口宇部《うべ》空港に到着したのだ。

新しい動物を迎えるとあって、園内全体には独特の高揚感が広がっていた。しかし、朝から出かけていた輸送担当スタッフが戻ると、それはたちまち緊張感に変わった。

車から降りてきたスタッフの顔は、青ざめていた。

「もしかしたら、死んでいるかもしれません……」

鳥の輸送は通常、立った状態でおこなう。長時間、足を曲げたままでいると血液循環が悪くなり、鬱血《うっけつ》や最悪の場合壊死《えし》につながるからだ。高さ百五十センチほどの木箱の内部に張られた布には足を通す穴が開いていて、立った状態で鳥の体重をささえられるようになっている。

動けるスペースがあると移動中に受ける衝撃が大きくなるので、箱の幅は翼を閉じた状態とほぼ同じサイズになっている。まわりが見えるとストレスになるため箱に窓はなく、移動中は頭に布をかぶせている。空港で手続きをすませた輸送スタッフが確認のため箱を開けると、その布に大量の血が滲《にじ》んでいたのだ。

急いで箱から二羽を出してみる。布をとると頭を持ち上げたので、どうやら生きてはいるようだ。さらに自力で立つこともできる。そして、まもなくバランスをとるように、一歩ずつ歩きだした。

やれやれ、やっと長旅から解放された。

そういわんばかりに翼を広げ、首を伸ばすしぐさを見せる。二羽のアフリカハゲコウは、スタッフが拍子抜けするほどノビノビとしていた。布に付着していた血は、輸送中の衝撃や摩擦で頭皮の一部が傷ついたときのものらしく、問題はなさそうだった。

アフリカハゲコウは、その名のとおり首から頭部にかけて羽毛がない。生息地はサハラ砂漠以南のアフリカ広域で、自分で狩りをせずにほかの動物が倒した屍肉《しにく》を漁《あさ》る習性がある。頭部に羽毛が生えていないのは、血や肉で汚れて雑菌が繁殖しないようにするためだ。

すごい鳥が来たなぁ……！

アフリカハゲコウを初めて目にした佐藤は、そう思った。

「すごい」というのには、いろいろな意味がある。まずは見た目のインパクト。

体は予想以上に大きい。頑丈そうなクチバシでつつかれたら、かなり痛そうだ。目は丸くて真っ黒。頭部に羽毛がないといわれるが、よく見るとフワフワとした産毛《うぶげ》のようなものが生えている。そして首の根元には、ピンクの喉袋《のどぶくろ》がついている。翼を閉じてじっと立っているときは首が完全に収納されているので、体の上に唐突に頭がのっているみたいだ。足を揃《そろ》えて立っている姿は、〝気をつけ〟をしているようにも見える。

アフリカハゲコウは独特な迫力を持ちながら、どこかユーモラスなムードがあった。

そして、もうひとつの「すごい」は順応性の高さだ。

二羽のアフリカハゲコウは、輸送箱から出て三十分ほどで自分からクチバシを水につけた。長くて真っ直《ます》ぐなクチバシに対して容器が浅いので、飲みにくそうではあるが、しっかりと水が喉を通っていく。自分からものを口にするのは、リラックスしている証拠だ。

「ウズラ、あげてみましょうか」

飼育員の大下光雄《おおしたみつお》が、プラスチック容器に準備しておいたエサをとりだした。

大下は、佐藤と同様ハリスホークなど小型猛禽類のフライトを担当している。アフリカハゲコウの飼育・トレーニングチームに抜擢されたメンバーのひとりだ。

佐藤の二年後輩で、全国各地からスタッフが集まるサファリランドではめずらしく、地元山口の出身。勉強熱心なうえ細かいところに気がつく仕事ぶりで、動物部長の池辺からは一目置かれていた。口数が多いほうではないが、後輩の質問や相談に気軽に応じる面倒見の良さもあり、専門学校を卒業して数年の若いスタッフが多いこの職場では、早くも中堅的な立場になりつつあった。

ウズラ肉を用意したのは、動物商から常食にしていると聞いたからだ。大下が肉をトングで挟んで差し出すと、二羽はほとんど躊躇《ちゅうちょ》なく近づいてきて飲みこんだ。来園して早々、人前でエサを食べる動物はめずらしい。たとえ動物園内で繁殖した動物でも、新しい場所に輸送されて数日は何も口にしなくなることが少なくない。ましてこのアフリカハゲコウたちは、タンザニアからやってきてわずか数日の野生個体なのだ。捕獲され輸送箱に入れられ、長時間の移動の末に到着した見知らぬ場所と、そこで目にする人間たち。この状況では、むしろ警戒して身を硬くするほうが自然だ。

だが二羽のアフリカハゲコウは、人間を怖がらなかった。展示場の前を業務車両がエンジン音を響かせながら通過していったが、まったく気にしていない。見学道を挟んだ向かいには、世界でも稀少《きしょう》なホワイトタイガーが飼育されていて、時々迫力のある吠《ほ》え声をあげる。しかし、これに怯《おび》える様子も見られなかった。

名前は雌がキン、雄がギンになった。

佐藤が鶏肉を投げてみると、頑丈そうなクチバシで上手にキャッチした。こちらの様子を見て、投げるタイミングをはかっているようだ。美味《おい》しかったのだろうか、キンとギンはねだるように翼をバタバタさせている。なんという大らかさ。

遥かタンザニアからやってきた鳥たちは、こちらが想像する以上の何かを持っているのかもしれない。キンとギンを目の前にして、佐藤はそう思うのだった。

*

キンとギンのトレーニングは、到着の翌日から始まった。担当チームは、リーダーが佐藤、大下がサブリーダー、ほか二名の合計四名だ。トレーニングにあたり佐藤は、これだけは何があっても守ろうと決めたことがあった。

それは、キンとギンに絶対に嫌な思いをさせないということだ。

二羽は、いずれも人間に警戒心が少なく、食べ物に貪欲だ。このふたつを身につけているというのは、野生動物が動物園で生きていくうえで、すでにひとつの大きな才能といえる。犬のように人間との交流そのものが喜びにつながる動物は、実はそう多くはない。だから重要なのは食べ物になる。

たとえば二羽に新しいものに慣れてほしいとき、あるいは違う場所に移動してほしいとき、美味しいものは〝正解〟を伝えるときのツールになる。好きなものを与えることによって、チームのメンバーの好感度はあがっていく。つまりコミュニケーションがとりやすくなるのだ。

トレーニングは、肉を与える瞬間に短くホイッスルを鳴らすところから始まった。これも〝正解〟をわかりやすく伝える方法のひとつだ。ホイッスルの音を聞いても、二羽はほとんど動じない。美味しいものがもらえると早くも理解したようだ。

三日目になると、肉を入れている容器に自分から近づいてくるようになった。さらにギンは、佐藤が手に持っているウズラ肉を奪おうとするしぐささえ見せた。なんとも逞《たくま》しいニューフェースなのだ。

動物のトレーニングに、突然の変化を期待してはいけない。原則は毎日少しずつ。日によっては、数日前とくらべてメンバーをやや警戒しているように見えることもある。

それでも落胆や焦りは禁物だ。そして急がない。

キンとギンは、やがて自由に秋吉台の空を飛ぶようになるのだ。

そのためにはまず、この場所が二羽にとって快適で安全な家であること、そこに出入りする人間が絶対に危険ではないと認識してもらうことが必要だった。


「キン、ギン、おはよう。今日は寒いね」

朝、佐藤はかならず二羽の顔を見ながら声をかける。アフリカハゲコウが人間の言葉をどこまで理解できるのかまったくわからないが、担当動物に声をかけることは飼育の仕事をしている者にとってごく自然な行為だ。

佐藤の姿を見るとキンとギンは寝室から出て、長い足を前に折るように一歩一歩近づいてきた。ギンのクチバシの左の根元が光っている。近づいて見ると、左の鼻の穴に鼻水がたまっていた。秋吉台の晩秋は、晴天の昼間は十五度を超えるが朝晩の冷えこみは厳しい。寝室にはヒーターを入れてワラを分厚く敷いていたが、常夏《とこなつ》のタンザニアからやってきた二羽に初めての日本の気候は厳しそうだ。

それを聞いた大下は、寝室の上部の隙間《すきま》に手際よく透明のビニールシートを取り付けた。この展示場は、もともと空室になっていたところに高さを確保したネットを張り、アフリカハゲコウの仮の家として利用しはじめたものだ。いずれ新しい展示場をつくる予定と聞いてはいたが、現場のメンバーとしては二羽にとって快適な空間を少しでも早く整えたいと思った。

工具の扱いが得意な大下を中心に寝室の補修工事、展示場の中央への巨大な止まり木の設置などをすすめるうち、いつのまにかここが正式な場所になっていた。つまりアフリカハゲコウの展示場は、ほぼメンバーによる手作りなのだ。

エサの時間が終わって満腹になると、キンとギンは並んで体の上で首を縮めるようにして片足を上げたまま目を細めている。鳥がこの姿勢をとるのは、リラックスしている証拠だ。まだまだ改修は必要だったが、二羽はこの家をそれなりに気に入ってくれているようだった。

＊

「ためしに、外に出してみましょうか」

チーム内でそんな話が出たのは、キンとギンが来園して一か月半ほどを経た、十二月初旬のことだった。

展示場は、二羽にとってすっかり安全地帯になっていた。それは飼育担当者にとって嬉《うれ》しいことだったが、同時に、二羽が外の世界は危険だという認識を深めつつあることも意味していた。

キンとギンは、おそらくタンザニアのいずれかの町を自由に闊歩《かっぽ》していた鳥だ。野生時代にはあたりまえだったことは、可能なかぎりここでもさせてあげたい。そしてアフリカハゲコウが大空を飛ぶ姿を来園者に見せることは、チームの使命でもある。だから完全に警戒心を抱くようになるまえに、展示場の外に出る体験をさせたほうがいいと佐藤は考えたのだ。

だがそんなことをして、もしどこかに飛んでいってしまったらどうする?

その心配は、鳥と接していれば常にどこかにある。しかし、佐藤や大下のなかでは、キンとギンなら大丈夫なのではないかという気持ちが日々増していた。

特にここ数日は、エサを入れたバケツを持って展示場に入ると、キンとギンは勢いよく近づいてくる。待ってました! といわんばかりに、翼を広げてジャンプすることもある。ギンはメンバーのすぐ後をついて歩き、キンもそれに遅れまいと続く。おそらく展示場の外に出ても、二羽の行動は変わることはないだろう。そんなチームの期待は、やがて確信へと変わっていったのだ。

入り口のドアを開けたまま、外でバケツに入れた肉を見せた。

まず動いたのはギンだった。入り口をくぐるのを少し怖がっている様子だったが、佐藤の誘導で一歩ずつ外に出てくることができた。肉を投げると、上手にキャッチする。

その瞬間にホイッスルを吹く。いつものやり方だ。

そのまま展示場から数メートル離れたところまで歩いていくと、キンとギンは外に出ていることに気づいたのか、少し驚いたようにまわりを見た。パニックになるまえに、佐藤が展示場のなかに戻るようエサで誘導する。二羽はどこから入ったらいいのか一瞬わからなくなったようで、ネットの上に飛び乗ろうとした。それでもすぐに入り口を見つけ、佐藤を追うようになかに入っていった。

我が家に戻ると、二羽はすぐに落ち着きをとりもどした。展示場に戻ることができれば、これからは少しずつ行動範囲を広げていくことができる。

「いいですね！」

「これ、続けてみましょうよ！」

チームスタッフ全員が手応《てごた》えを感じていた。

やはりキンとギンは、ただの鳥とは違うのかもしれない。

うまく言葉にすることはできないが、佐藤のなかで、二羽への親近感と期待感が同時に高まっていくのだった。

＊

その後、二羽の行動半径は大幅に拡大していった。

最初の数日は外に出るのをためらう様子もあったが、来園者が少ないタイミングを選んでトレーニングを続けるうちに、展示場から続く小高い丘へ歩いて移動できるまでになった。

一年のうちで冬は、もっとも来園者が少ない季節だ。天気の悪い平日などは、ほとんど人影が見られないこともある。サファリランドとしてはちょっと寂しくもあるが、キンとギンが新しいフィールドに慣れていくためにはうってつけの環境だった。ホイッスルの音＝肉が食べられる、という連動性もすっかり理解していた。

二羽の巨大な鳥が細い足を前に折りながら、枯れ草とススキに覆われた丘をゆっくりと登る。佐藤が肉を投げ上げると、それに追いついたキンがパクリとキャッチした。その少し先では、大下とギンが並んで歩いている。やがて展示場から五十メートルほど離れた丘の頂上に到着した。

外に出るのが楽しい。

キンとギンは、そう思っているのではないか、あきらかにそう思っている。二羽の様子を見ていて、佐藤はそう感じることが多くなっていた。フィールドに肉を放ってみると、大きな翼を広げてバランスをとりつつ跳ねるようにして歩いてくる。佐藤と二羽を物理的につなぐものは、何もない。ペット動物とは違う感覚だが、佐藤はそこに安心や愛着、信頼のようなものが積み重ねられていることを感じるのだった。

そして、なにより巨大な鳥が展示場の外を自由に歩いている光景は、想像以上に開放的で清々《すがすが》しく、大らかな美しさにあふれていた。

この日は今季一番の冷え込みで、冬枯れの秋吉台には粉雪がちらついていた。しかし、テンションが上がっているのかフィールドに出ているキンとギンは、大きく翼を動かし、まもなく飛び上がるのではないかというしぐささえ見せている。

飛んでも、かならず戻ってくる。キンとギンなら大丈夫。だから、飛んでほしい！

その想《おも》いは、佐藤のなかでますます大きくなっていくのだった。

その2
上昇気流にのって飛べ

アフリカハゲコウのキンとギンが、タンザニアからやってきて三か月。日本で初めての大型鳥類のフリーフライト公開をめざして、担当チームによる飼育トレーニングが続いていた。

そのなかで佐藤が繰り返し考えたのは、二羽の生涯についてだった。

キンとギンは、野生で暮らしていたところを捕獲され、はるばる日本の動物園に輸送されてきた。この事実への後ろめたさは、おそらくどんな状況になっても完全に消えることはないだろう。だからこそ、自分がすべきことを忘れてはいけない。それは二羽の生活を少しでも充実したものにすることだ。

だから佐藤は、二羽の本心を理解することに集中した。そのすべてが正解だとは思わないし、なにしろ野生動物である彼らは、犬や猫のように明快な反応をしてくれることもない。それでも行動やしぐさを注意深く観察するうちに、二羽の感情や情緒、個性が感じとれたのではと思うことが少しずつ増えていた。

キンとギンは、人間や車、ほかの動物など見知らぬものにとても大らかだ。初めて見たものも、勇気と好奇心で受け入れることができる。だが同時に、細心の注意や慎重な判断をすることも忘れていない。そんな複雑な選択が連続する環境のなかでも、彼らには、ストレスに負けない逞しさと柔軟性があった。

なにより佐藤を安心させたのは、攻撃性の点で心配がなかったことだ。むやみな威嚇《いかく》や争いは危険に身をさらし、他者との共存を困難にする。それを本能的にわかっている彼らは、頭の良い動物といっていいだろう。さすがは人間の居住エリアで、野生として暮らしてきた鳥だ。

こうしたアフリカハゲコウの特徴がわかってくると、佐藤をはじめ、サブリーダーの大下、チームメンバーにとってキンとギンは特別な存在になる。平たく言えば、かわいくてしかたがなくなってくるのだ。

「うちのキンとギンは、いいコだよね」

「ほんとに賢いなぁ」

チームのメンバーで、そんなことを口にしては頷《うなず》きあうことが増えていった。

その感覚は、愛すべき存在であると同時に、誇らしさや畏敬《いけい》の念も抱いているというのが近い。表現する言葉は同じでも、ペット動物を愛《め》でるのとはかなり違った感覚なのだ。

展示場から外へ出るようになってしばらく、キンとギンは丘に立つスタッフのあいだを歩いたり跳ねたり、たまに羽ばたいたりして移動するばかりで、あまり人間から離れようとしなかった。迫力ある大型鳥類だけにほのぼのしたムードが強調されて、これはこれで魅力的な光景ではある。しかし、大空を飛ぶという雄大なイメージとは程遠かった。

本格的に飛距離をのばすには、どうしたらいいのか？

そこで考えられたのが、ルアートレーニングだった。

ルアーというとフィッシングを連想する人が多いかもしれないが、このトレーニングは本来、鷹匠の技術のひとつで、狩りの練習のために疑似餌《ぎじえ》を使用する方法だ。ナイロン紐《ひも》の先に小型の鳥や小動物に似せたものをつけて振り回すと、ハリスホークなど視力の良い猛禽類は、狩猟本能が刺激されて勢いのある飛翔《ひしょう》を見せてくれる。佐藤と大下はこれを鷹のフライトに取り入れていた。

だがアフリカハゲコウは、自分で狩りをする鳥ではない。それでも佐藤は、好奇心旺《おう》盛《せい》で食べ物に対して貪欲なキンとギンなら、これまでと違う動きを見せてくれるようになると考えたのだ。

ポイントは彼らの好奇心をあおり、その先に好みのエサがあることを理解してもらうこと。試行錯誤の末、太さ三センチ、長さ二十センチほどのアクリル製のパイプに光を反射するテープを巻き、その先端にはタコ足のようなヒラヒラした装飾をつけたものが完成した。パイプのなかには、彼らの好きな肉を細長く切って仕込んでおく。

トレーニングでは最初こそルアーを見ると驚いて逃げていたが、まもなく仕込んである肉に気づくと積極的に近づいてくるようになった。少し離れたところで、大下がルアーを揺らして見せた。すると佐藤の目の前にいたキンとギンは、ルアーに向かって躊躇なく翼を広げた。

「飛んだ！」

期待はしていたが、実際にその姿を目にすると、佐藤は叫ばずにいられなかった。さすがは大型鳥類、実際に飛んでみれば隣の丘への移動など楽々で、フィールドを歩きまわっているときとはくらべものにならない雄大な姿だった。

その翌日、大下はもう少し距離のあるところに移動した。そして数日後は、隣の丘でルアーを回転させた。ルアーの意味をしっかりと理解した二羽にとって、こうして飛ぶことはすっかり日常のひとコマになった。

猛禽類は鋭い爪でルアーをガッチリと捕まえて着陸するが、キンとギンはルアーを振るスタッフのそばに舞い降りる。ここでのお楽しみは、特大の牛肉だ。お馴染《なじ》みのホイッスルが聞こえると、ホームといえる丘の上へと戻っていく。このトレーニングをとり

入れてから、二羽の行動半径はみるみる広がっていった。

そして、このときのキンとギンは、これまでにも増してイキイキと楽しそうだった。

＊

事務所の時計の針が、午後一時を指した。

佐藤は、UVカット効果のあるリップクリームを手早くつけると、椅子の背もたれにかけてあるウインドブレーカーをはおって外に出た。

まだ少しだけ風が冷たく感じられるが、秋吉台の丘には春の日差しがたっぷりと降り注いでいる。本格的な春休みシーズンを目前にひかえた、三月中旬の日曜日。あと一時間ほどで、いよいよ日本で初めてのアフリカハゲコウのフリーフライトが公開されるのだ。

記念すべき第一回目は、リーダーの佐藤が進行役を担当することになった。

初めてでなくても、イベントの進行には独特の緊張感と高い集中力が必要だ。来園者の安全に気を配りながら、説明や誘導によって楽しく見学できるようにするいわゆる接客業と、動物たちの動きや状態について瞬時に判断する飼育スタッフの仕事を同時進行でおこなうからだ。プログラムはある程度決めてあるが、動物のコンディションによって臨機応変に対応しなければならない。状況に合わせてトークの内容を変えて来園者をひきつける、演出力も試される。

難しいのは、同時にリラックスしなければならないことだ。スタッフが平常心を失うと、いつも一緒にトレーニングをしている動物たちの不安や警戒心をあおってしまうことになる。

イベント開始の二時。

スタッフが展示場のドアを開けると、キンとギンはスムーズに外に出てきた。佐藤と歩調を合わせるように歩きだした巨大な鳥に、集まった来園者たちは興味津々だ。イベント会場まで歩いて三分ほど。アフリカハゲコウについて説明をしながら、みんなでのんびりと丘の頂上をめざす。フリーな状態で、野生動物と同じ空間にいる。ただそれだけのことなのに、フィールドは独特の解放感とほのぼのとした空気に包まれた。

佐藤が肉を投げ上げると、ギンがタイミングをあわせるように長いクチバシを開いた。それを見たキンが、「自分も！」とアピールするように佐藤の前に進み出る。少しだけ距離をとって投げると、こちらも上手にキャッチした。親子連れやカップルからは、温かな笑い声があがる。歩いて、食べる。動物が生きていれば、あたりまえの行動。だがそこには確実に、人の心を華やかにさせる何かがあった。

いよいよ丘の頂上からの最初のフライトだ。

もうひとつの丘で待機していた大下がルアーを振ると、二羽は息を合わせたようにほぼ同時に飛びあがった。来園者から歓声があがった。つかみはバッチリ。キンとギンは、その声に怯えることもなく優雅に翼を広げている。しかし、ご褒美の肉をもらった後は、テクテクとのんびり歩いて戻ってくる。フライトを見せることがイベントの最終目標ではあるけれど、これもご愛嬌《あいきょう》。二羽の姿は楽しげで、佐藤も自然と笑顔になる。

今度は、キンが気合を入れるように丘の頂上に設置された柵《さく》の上に跳び上がり、そこから隣の丘へと滑空した。柵の高さが一・五メートルほどあるので、来園者にとっては巨大な鳥が頭上スレスレを飛び越えていくことになる。キンが羽ばたくと、強い風がおこる。それを顔に受けた観客は、野生動物のパワーをいっそう身近に感じることになる。

キンとギンの行動は、予想以上にマイペースだった。そのため佐藤が解説で苦労する場面はあったが、何度か観客の笑いを引き出すこともできて反応は上々だった。

佐藤が手応えを感じたのは、父親や祖父世代のいわゆる大人の男性からの反響だった。

「すごい鳥がいるんですね」

「動きがよく見られてよかったよ」

機材の撤収作業をする佐藤に、何人かが声をかけてきた。

動物園を訪れる家族連れのなかで、彼らはどちらかというと脇役《わきやく》だ。そしてこの世代の男性は総じて、感情を表現することがあまり得意ではない。女性や若いカップルにくらべて、こうして感想を伝えに来ることは稀《まれ》なのだ。

このイベントは、既存のものとはまったく違う可能性を秘めている。アフリカハゲコウが自由に飛ぶ姿は、すべての世代にインパクトや感動を与えることができるのだ。だがキンとギンの本当の力を引き出しているかというと、今はまだ課題が山積している。もっとダイナミックで大胆な、大型鳥類らしい姿を観客に見てもらいたい。そのためには二羽のことをもっと深く理解して、彼らがリラックスできる自由な環境をつくらなければ。佐藤は、そう思うのだった。

＊

展開の早さに驚いたのは、動物部長の池辺だった。

野生動物のトレーニングがどれだけ困難なのかは、長年の経験で知りつくしている。これまでのことを振り返ると、長い歴史のなかで彼らがペットや家畜に分類されなかった理由がよくわかる。彼らの世界は、根本的に人間と交流するようにできていないのだ。

動物園という場所では、人工哺育《ほいく》された個体がふれあい動物として人間と交流することもある。しかし、その多くは期間限定のもの。猛獣であれば理由はいうまでもなく、草食動物でも人馴れが来園者の危険につながる可能性もあるからだ。

野生の成獣なら、トレーニングが難しいのはなおさらで、しかも今回は、飼育方法さえ手探りに近い。トレーニングのノウハウについては、まったくゼロからのスタートだった。

目標は、アフリカハゲコウが大空を飛ぶ姿を公開すること。

チームにはそう伝えていた池辺だったが、内心では三、四年以内に、来園者と一緒に散歩ができるような状況になれば上出来と考えていた。ところがキンとギンは来園して二か月足らずで展示場の外を平然と歩くようになり、わずか五か月後には、フリーフライトの公開を実現させてしまった。

トレーニングの方針や方法については、すべて担当メンバーに委《ゆだ》ねていた。だが現場を見ると、つい口を出したくなってしまう。そこをグッと我慢して、池辺はなるべく遠くから見守るよう心がけていた。とはいえ前例のない新プロジェクトだけに、なかなか落ち着いていられない。こんなこと、まだ早いのではないか。危なっかしいな。そう思ってハラハラすることも何度かあった。

だがリーダーの佐藤はじめチームのメンバーは、予想以上に熱心で細心で、そして大胆だった。その熱意と独特なバランス感覚にささえられた仕事ぶりには、心動かされるものがあった。

彼らに任せてよかった。池辺は、上司として誇らしかった。

本格的に暖かくなる頃、営業部のスタッフがキンとギンが飛ぶ写真入りのプレスリリースを各所に送ると、新聞やテレビなど複数のメディアから取材依頼が入りはじめた。秋吉台の丘の上に、見慣れない撮影機材をかかえた取材スタッフがやってきても、キンとギンは、まったく動じることなく羽ばたいた。

＊

こんなひどいこと、誰が言ったんだろう⁈

パソコンの画面を見ていた佐藤は、思わず叫びそうになった。それはアフリカハゲコウについて紹介するサイトで、どこかの動物図鑑から抜粋したものなのだろう。生息地や生態、特徴について情報がまとめられているものだった。

そのなかに〈世界で一番醜い鳥といわれることもある〉という一文があったのだ。

「ひどいと思わない？」

佐藤が不満をあらわにすると、他のメンバーも「あれね」というムードのなか苦笑いした。

「失礼しちゃうわよね。うちのキンとギンは目がキラキラ輝いて、羽もツヤツヤでこんなに綺麗《きれい》なのに」

「図鑑より、お客さんの方がわかっちょるでしょう。綺麗や、かっこええって、よく言うてくれますから」

大下がそう言って展示場のドアを開けると、キンとギンが翼をひるがえして巣から飛び降りてきた。ホイッスルの音と同時に鶏肉をゲットすると、さらにエサをねだるように首を伸ばしてくる。二羽は、今日も元気で食欲旺盛だ。

フリーフライトの公開から一年余り。内容は確実にバージョンアップしていった。最初は直線飛びだけだったが、飛距離がのびるとともに旋回を入れてメンバーのもとに戻ってこられるようになったのだ。

その方法は、メンバーAのところにキンやギンがいるとき、隣の丘にいるメンバーBがホイッスルを吹く。それを聞いて飛び立ったタイミングで、メンバーBが物かげに隠れる。飛んでいる途中で目標を失ったとき、もう一度メンバーAがホイッスルを吹く。これをくりかえすうちに空中で向きを変えて同じ場所に戻るようになり、やがて旋回へとつながっていったのだ。

こうしたトレーニングが結果につながったのは、佐藤をはじめチームメンバーがキンとギンの心身のコンディションを詳細にくみとったからだ。ホイッスルを吹いていながら肉を与えないというのは、これまでの約束を破ることになる。信頼関係ができていない時期にやろうとしても、おそらくキンとギンは混乱するだけだろう。最悪の場合メンバーへの興味を失ってしまうかもしれない。

だがこれまで、悪天候の日など例外を除いて毎日休まず一緒にトレーニングを続けてきた。だからこそイレギュラーな展開があれば、キンとギンはかならずメンバーを捜してくれる。それをきっかけにもっと魅力的な姿を見せてくれるはず。

そんな確信にも似た思いを抱いていた佐藤の予想は、それ以上の結果につながった。旋回することで飛距離がのびてくると、キンとギンは以前よりも楽しそうな顔をするようになった。もちろん鳥に表情筋があるわけではない。だがフィールドを歩いているときとは、あきらかに違ったやる気に満ちた顔つきをしていた。飛ぶことによってテンションがあがり、それがさらに大きく羽ばたくエネルギーにつながっているようだ。

キンとギンは、丘の上から入れ替わるように飛び立ち、空中で旋回してスタッフのもとへと戻ってくるようになった。イベントに集まった来園者の頭上ギリギリのところを通過して、スタッフのもとへ舞い降りて肉をもらうと、休む間もなく滑空に入っていく。

もっと自由に、もっと大胆に飛ばせてあげたい！

二羽の旋回を見ていると、佐藤のなかでそんな思いがますます大きくなっていくのだった。

＊

キンとギンにとって快適な飛び方というのは、どんなものなのか？

佐藤は、新しいトレーニング方針について検討しはじめていた。それはアフリカハゲコウの本来の能力について、もう一度じっくり考えることでもあった。

ルアーの合図で丘の頂上から駐車場の先にある空き地に降りるときは、翼を広げて気流にのった飛び方をしているので楽そうだが、それにくらべて翼を力強く下へ動かす〝打ち下ろし〟をくりかえして上昇するときは、大幅に体力を消耗しているように見える。

気温が高くなってくると、数回の旋回飛びをくりかえすだけで、二羽とも口を開いてハァハァと胸を上下させている。猛暑の日は早々に息が上がり、ほとんど飛ぼうとしないこともある。二羽の気分がのらなければ、それを優先させるのがチームの方針だ。だから気温が高い日は、トレーニングやイベントを早めに切り上げることもあった。

アフリカハゲコウはコウノトリの仲間だが、〝渡り〟の習性はないといわれている。だからそれほど長距離を飛ぶことはなく、連続して動くための持久力はあまり高くないのかもしれない。

佐藤が頭上に目をやると、遥か彼方《かなた》で数羽のトビが音もなく旋回していた。この周辺は上昇気流が発生しやすい地形で、晴れた日はたいていトビが飛ぶ姿が見られる。ときには数多くのトビが集まり、〝鷹柱《たかばしら》〟をつくることもあった。

この気流とともに、キンとギンが舞い上がる姿を想像してみた。

トビよりもはるかに巨大な黒い翼で、白い体が押し上げられる。長くて大きなクチバシ、首を縮め、細い足をやや後ろに真っ直ぐ伸ばした姿は、アフリカハゲコウ独特のものだ。それがゆるやかに旋回しながら空高く昇っていく。飛翔時間は、これまでとはくらべものにならないくらい長い。丘の上に残された人間たちは、いつまでもキンとギンの優雅な姿から目を離せないままでいる――。

このとき、佐藤は気がついた。

小型の鳥たちが羽ばたきを利用して飛ぶことが多いのに対して、そもそもキンとギンのような大型の鳥は翼を広げたまま上昇気流を利用する飛び方のほうが得意なのだ。これこそアフリカハゲコウの能力と魅力をアピールする飛び方。これを来園者に見せたい！

それはまさしく、大空を飛ぶ鳥のイメージそのままの世界だ。大型鳥類にしかない迫力と美しい姿に、きっと多くの人が驚き、見とれるだろう。そんなシーンを想像するだけで、佐藤は興奮してくるのだった。

上昇気流を利用したロングフライト実現のためには、まずはキンとギンが空高く舞い上がらなければならない。これまで丘の上からスタートしていたので錯覚してしまうのだが、実は高度を上げる飛び方はほとんどおこなっていなかった。キンとギンのなかでは、そうした飛び方は体力を消耗するキツイ方法というイメージがあるのかもしれない。

だがこのフィールドに発生している上昇気流の存在に気づけば、おそらく二羽は空に舞い上がる楽しさに目覚めるはずだ。

そのためには、これまでとは違う誘導装置が必要だった。

「カイトに肉をつけて飛ばしてみましょうか」

スタッフのあいだからアイデアが出た。

最初はルアートレーニングのときのように怖がるだろう。でも二羽は好奇心が旺盛で、肉へのモチベーションが高い。カイトの高度を少しずつ上げることによって、これまでとは違う飛び方を引き出すことができるのではないだろうか。最近はキンのほうが勇敢で堂々としているので、先に行ってギンを誘導してくれるかもしれない。

そんなことを話しているうち佐藤は、今すぐこの方法を試してみたくなった。会社に備品購入の申請をするのがまどろっこしい。ホームセンターの玩具《がんぐ》コーナーに行って自腹でカイトを購入した。

翌日、さっそく展示場内でカイトに慣らす練習をスタートした。

地面に寝かせている状態なら、キンとギンは近づいてきて装着してある肉を食べた。しかし、糸をひっぱってカイトを動かすと、たちまち驚いて逃げてしまう。ルアーと違って、平面積が広いカイトは角度によって突然何倍も大きくなったように見える。展示場の端に避難したキンが、伸びをするように翼を大きく広げていた。不安を感じたときにする独特のポーズだ。人間にくらべると動物は奥行きを認識するのが苦手というが、地面に置いてあるときと大きさのギャップがありすぎるのだろう、二羽は予想以上に警戒していた。

トレーニングは、それから毎日続いた。だがキンとギンにとって、カイトは不気味な存在のままだった。これではカイトを追って舞い上がることなど期待できない。これ以上の練習は、二羽のストレスになってしまう。チームでそう判断した結果、一か月ほど続いたカイトトレーニングは中止されたのだった。

それでも佐藤は、キンとギンのロングフライトに大きな未練を残していた。

「上昇気流にのって飛ぶなんて、やっぱり無理なのかなぁ……」

なんとかしたいという気持ちは、大下も同じだった。だが妙案のないまま、返事のしようもない。そもそもアフリカハゲコウがそうした飛び方をしないのか、体力的に難しいのか、あるいはアプローチがマッチすれば何か変化があるのか、チームとしてもその点がよくわからなくなってしまった。

キンとギンが飛ぶことを望んでいないのなら、もちろんこれ以上のことを押しつけるつもりはないのだが……。

＊

予想外のことがおこったのは、それから数週間後のゴールデンウィークのことだった。

その日、イベントでのキンとギンは、あまり積極的に飛ぼうとしなかった。旋回などはほとんど見せず、いわゆる大技はルアーを利用した直線フライトのみだった。連休が始まってから、二羽はずっとこうした調子だった。

トレーニングやイベントは、通常午後二時からやっているのだが、連休中は午前十時からと時間を大幅にくりあげていた。そのせいで一日のリズムがくるってしまったのだろうか、いつもはスタッフが展示場に行くとやる気をみなぎらせるように翼を広げるのだが、キンとギンはあきらかに反応が鈍かった。すぐに外へ出ようとしないし、イベント中もホイッスルなどスタッフの出す合図に反応しないこともあった。来園者の反応はそれなりによかったが、イベントが終了するとギンは早く帰りたいといわんばかりにさっさと展示場をめざしていった。

一方、雌のキンは、丘の上にポツンとたたずんでなかなか戻ろうとしない。

「キン?」

佐藤が肉の入ったバケツを持って呼んでも、別方向を見たままだった。

そのとき、キンの体がふわりと持ち上がった。

いつもは飛ばない第一駐車場の方向へと進み、そのままグングンと舞い上がっていく。数回羽ばたくと、翼をピンと広げたままの姿勢になった。上空にはトビの群れが飛んでいる。どうやら上昇気流にのったようだ。

やはり飛べるのだ！

これまで何度も思い描いてきた光景が、今、佐藤の目の前にあった。

力強さがみなぎる黒い翼と大きなクチバシ、やや斜め後ろに揃えた白い足。そのシルエットは、まさにアフリカハゲコウのものだ。キンの体を包む白い羽が真っ青な空に映えて、それは想像していたものの何倍も美しかった。

トビの群れのなかに入っても、キンの飛び方は変わらなかった。気流に身を委ねるように、ゆったりと翼を広げている。三分、五分と時間が過ぎる。こんなに長い時間飛ぶのは、ここサファリランドに来てから初めてのことだった。キンの翼は大きく広げられたまま、わずかに角度を変えた。アフリカハゲコウの独特なシルエットが右から左へ、大空を満喫するかのように旋回していく。

心配なのは、トビたちの反応だ。集団でいるときの彼らは、よそ者が一定以上近づくと遠慮なく攻撃をしかけてくる。単独行動の鳥がトビたちに蹴散らされるところを何度か目にしている佐藤は、あの鋭い爪やクチバシがキンの体を傷つけるのではないかと考えると、気が気ではなかった。だがそんな心配をよそに、キンはトビたちがもっとも多く集まるところまで上昇していった。

「接近しすぎてる！」

佐藤はホイッスルを吹いてキンを呼び寄せようとしたが、そのまま方向を変える様子はない。見知らぬ鳥の乱入に、トビたちは警戒態勢に入った。数羽が追尾しはじめ、佐藤は一瞬ヒヤリとしたが、キンの体が大きいためだろう、攻撃まではしていないようだった。

群れの最高点は、上空二百メートル付近だろうか。とうとうキンはトビの群れを越えてしまった。そして、そこからなめらかに滑空しながら少しずつ高度を下げていった。

「展示場の方だ！」

大下の一声で、メンバー全員が丘を駆け下りた。上空からの視界を確認しながら、もう一度ルアーを振った。するとキンは大きく旋回しながら、展示場の近くに舞い降りてきた。

離陸から十分近くたっていただろうか。

佐藤が近づくと、キンは開口呼吸もせずに意外なくらい落ち着いていた。あれほどダイナミックなフライトを披露しながら、ほとんどエネルギーを消耗していないように見える。数回のフライトで息があがってしまうときのキンとはまったく違う、優雅な空気をまとっているようだった。

一方、佐藤の心臓は、高鳴り続けていた。

こんなに飛べるのだ――。

上昇気流を両方の翼で抱くキンの姿は、うっとりするほど美しかった。はるか上空からダイナミックに旋回しながら、着陸体勢に入っていくスピード感もたまらない。その雄大さと迫力にチームのメンバーは完全に圧倒されていた。

アフリカハゲコウの飼育トレーニングを担当して一年半。

この鳥は、いまだはかり知れない能力を持っている！　そのことを思い知らされると同時に、これからの可能性に気づいたこの日、佐藤をはじめメンバー全員がこれまでにない高揚感にひたったのだった。

＊

一番の問題は、どうやって二羽に〝正解〟を伝えるかだ。

上昇気流にのって帆翔《はんしょう》した後、かならず丘の上か展示場に戻ってくるようにしなくては困る。だがこのプロセスを理解してもらう方法が、どうしても見つからなかった。

ゴールデンウィークが終わり、トレーニングの時間は午後に戻された。

そのせいだろうか、二羽とも集中力があがっている。登場からスムーズで、直線や旋回、ルアーで合図する長距離もよく飛んだ。展示場に帰るときも、佐藤が歩きだすとキンとギンはすぐについてくる。数日前から、トレーニングが終了したときは魚を与えるようにしていた。これまではウズラや牛肉など肉類ばかりあげていたが、ためしにワカサギやドジョウを食べさせるとすっかり気に入ったようだった。

これまではルアーで呼ぶときの特大の牛肉が最大のご褒美だったが、今では魚が一番の好物になっていた。展示場に戻ってくれるのであれば、むしろどんどん大胆に飛んでほしい。そんな意図から最大のご馳走《ちそう》は、展示場内に入ったときに与えることにしたのだ。

梅雨《つゆ》に入ってからも調子は変わらなかった。週末のイベントでは多くの人が丘の上に集まり、休みなく飛ぶ二羽の姿に会場は何度も歓声で包まれた。平日のトレーニングでも集中力があり、しかもリラックスして楽しそうだった。


六月二十一日、この日は数日ぶりの快晴になった。

午後は、佐藤と大下らスタッフ三人で通常トレーニングをおこない、終了とともに展示場近くまで戻ってきた。二羽は、入り口の前でドジョウをもらう。さらになかに入ると、一番のお気に入りのワカサギが待っている。ギンが誘導にしたがってドアへ向かっていた。そしてキンも、そのあとを追うように歩いてくる。スタッフ全員がそう思っていた。

しかし、キンはそこから突然飛び立った。

方向は、展示場からサファリ用道路を一本へだてたキリンエリアだ。キンはグングン高度をあげて、キリンたちが枝葉を食《は》んでいる上空で帆翔しはじめた。

なんてきれいなんだろう……！

その姿に一瞬、佐藤は見とれた。

だが、すぐに我にかえった。だめだ。今は、まだ早すぎる。上昇気流にのるには、もっと段階を踏んだトレーニングが必要だ。しかし、キンはさらに高度をあげていった。

雲の流れが速い。上空は風が強いらしい。キンの体が少しずつ、北西の方向へ流されていく。

スタッフそれぞれがホイッスルを吹き、名前を呼び、ルアーを振った。しかし、キンが帰ってくる気配はなく、サファリの猛獣エリアを越えていってしまった。それでもわずかながら姿は確認できる。

「キーン！」

聞こえないとわかっていたが、佐藤は名前を呼ばずにいられなかった。

やがて真っ白な雲が、キンの体をスッポリと覆い隠した。

＊

「キンが、ロストしました！」

緊急事態は、佐藤の無線からすぐに園内すべてのスタッフに伝わった。可能なかぎりの人数が集まり周辺の捜索にあたったが、日没になってもキンの行方はわからなかった。ここから先は、闇雲《やみくも》に捜しても無意味だ。

動物部長の池辺祐介が、会議室の机の上に山口県と近隣をカバーした巨大な地図を広げた。大型の鳥類にとって、都合の良い地形や快適な場所はどこなのか？　ひとつはキンが飛んでいった長門《ながと》市方面。ここは日本海に面していて、いくつか渡り鳥が集まる場所がある。二十五年間で蓄積した動物に関する知識と土地勘をたよりに、地図に印をつけていく。翌日も早朝から日没の夜七時すぎまで、いくつかのチームに分かれて捜索を続けた。しかし、手がかりはゼロだった。

「もしかしたら、下関《しものせき》あたりまで飛んでいるかもしれないな」

池辺の言葉を聞いたスタッフのあいだに「まさか？」という空気が流れた。サファリランドから下関までは直線でも五十キロメートル以上で、長門市方面を経由したらもっと距離がある。人間の居住区で暮らしていた鳥に、はたしてそんな能力があるのだろうか。

だがロストから丸一日がたっても、有力な手がかりはなかった。園長と本社が相談した結果、二十二日の午後にアフリカハゲコウの失踪《しっそう》をマスコミ発表した。まもなくサファリランドに複数の目撃情報が集まりだしたが、その多くはシラサギと見間違えたものだった。有力に思われるものでも、詳しく特徴を訊《き》くとアオサギだった。

キンは、今どこで何をしているのだろう……。

ロストから時間がたつほどに佐藤は、キンが自力で戻れないところに行ってしまったことを覚悟する気持ちになっていた。それはサファリランドからどのくらい離れている場所なのか？　予想のつけようもないなか、今できるのは無事を願うことくらいだ。

佐藤はジリジリとした気持ちで、情報が入るのを待つことしかできなかった。

＊

アフリカハゲコウを見た――。

ようやく有力な情報が入ったのは、失踪から四日目のことだった。場所は兵庫県北部。京都府との県境近くにあるコウノトリの郷《さと》公園から連絡が入った。この近くのゴルフ場でキンを見かけて写真を撮った人が、ニュースに出ている鳥なのではないかと公園管理事務所に問い合わせをしてきたのだという。

「二十三日の昼に撮った写真で、そのあとどこかに飛び去ったようです」

事務所の職員の説明を聞いて、池辺は呆然《ぼうぜん》とした。

秋吉台から兵庫県北部までは、直線でも三百キロメートルを超える。なんとキンは、ロストからわずか一日半でこの距離を移動していたのだ。アフリカハゲコウとは、これほどのパワーを持った鳥なのか！

もしかしたら下関か、あるいは海を渡って九州上陸もあるかもしれない。

そんなふうに考えていた自分に、呆《あき》れるしかなかった。動物には、人間など到底かなわない能力がある。日頃からそう考えてきたつもりだったが、あらためてその実力を見せつけられ愕然《がくぜん》とした。

動物に笑われた。そう思った。


佐藤はこれを聞いて、少しだけ体の力が抜けた。

動物園からの逃走動物のなかでも、鳥類は格段に捕獲率が低い。小型の鳥であれば、目撃情報を得ることさえ難しい。生きているのか、死んでいるのか。行方不明のまま、それさえわからないことが多いのだ。

だが少なくとも二十三日の午後、キンは元気だった。どこかに飛び去ったということは、まだ体力があったということだ。それから一日半たつが、聡明で生命力あふれるキンならば安全な休息場所を見つけているはずだ。だがどこを捜せばいいのだろう？

以降、情報は完全に途切れていた。自力で狩りをする習性がない鳥が、どうやって生きていけるのだろう。日がたつにつれてサファリランドのスタッフのあいだには、諦《あきら》めムードが漂いはじめていた。

キン、どこにいるの？　早く、新しい情報が欲しい……！
しかし、寄せられるのは〝シラサギ情報〟ばかりだった。

その3
柔らかな決断

「変わった鳥がウチの前におるんだけど、見に来ないかい」

柳川祥郎《やながわよしろう》の携帯電話に、塩屋《しおや》水産加工株式会社の社長から連絡があったのは、六月二十八日の午後のことだった。

柳川は、和歌山県御坊《ごぼう》市で自動車タイヤの販売・修理業を営んでいる。県内だけでなく大阪や神戸方面、さらに関東にも顧客を抱えて多忙な日々をおくる一方で、自宅では犬や猫、鳥などを飼ってかわいがっていた。そのなかには元の飼い主に飼育放棄された動物も複数いる。塩屋水産加工の社長は高校時代の後輩で、柳川が動物好きなのを知っていて連絡してきたのだ。

「うちの従業員が、昼すぎからあそこに見かけない鳥がおるって言ってきたんだ」

夕方、仕事を終えた柳川がやってくると、社長は作業場のわきに立つ電柱のてっぺんを指さした。そこには黒と白の巨大な鳥が長い足を揃えてとまっていた。

「アオサギ、じゃないいな」

柳川の言葉に、社長もうなずいた。

御坊市は、和歌山市から四十キロメートルほど南下した海沿いの静かな町だ。年間を通じて穏やかな気候で、河口の中州はシラサギやアオサギなどの野鳥が飛来するスポットになっている。それらを写真に撮るのを趣味のひとつにしている柳川にとって、目の前にいる鳥はあきらかに異質だった。

「親父《おやじ》、これじゃないか」

一緒に来ていた柳川の長男が、スマートフォンのニュースサイトの画面を差し出した。そこには目の前にいるのと同じ鳥の写真が載っていた。だが目撃情報の連絡先は記載されていなかった。あちこちに問い合わせをして、ようやくサファリランドに電話がつながったのは夜七時すぎだった。

この情報は本物だ！

柳川からの電話に出た佐藤は、すぐに確信した。柳川は大きさや羽の色合い、配色、頭に羽毛がないところ、クチバシが真っ直ぐなところなど、その特徴をよどみなく口にした。これまでに寄せられた情報とはあきらかに違っていた。

「うちで飼育しているアフリカハゲコウです！　今からそちらに行きますので、よろしくお願いします！」

佐藤の迷いのない言葉に、柳川は少し圧倒された。

山口県の秋吉台から和歌山県の御坊市まで、約六百キロメートルの距離。今すぐにサファリランドを出発しても、到着するのは真夜中だ。それでも佐藤には、躊躇は微塵《みじん》も感じられなかった。

この女性は、あの鳥のことをそれほど心配しているのか！　動物園に勤務しているからとか、仕事だからということではない。そうした枠を飛び越えたところで、この人は話し、行動している。電話を通じて、言葉を交わしたのはほんの数分。それでも柳川の胸には、強く温かなものが広がっていった。

こうなったら自分も動物好きの一人として、できるかぎりのことをしたい。柳川は、佐藤が到着するまで、電柱の上にたたずむアフリカハゲコウを見守ろうと決めたのだった。

＊

佐藤は大下とともに、すぐにサファリランドを出発した。

新山口駅まで車で四十分ほど。新幹線の最終にギリギリで間に合い、新大阪までは来ることができた。だが御坊行きの電車はすでに終わっていた。ここから先は車しかない。大阪市内で深夜営業をしているレンタカー屋をなんとか見つけだし、御坊市をめざした。

「もしかしたらキンは、ずっと前から飛びたいと思うてたのかも……」

いつもは言葉数が多くない大下が、ハンドルを握りながら口を開いた。

ロストする前の数日間、キンはとても元気で楽しそうに飛んでいた。だがトレーニングが終わると丘の上にポツンと立ったまま遠くを見ていたり、ぼんやりと上空のトビの群れを眺めていることがあった。その姿は、佐藤のなかでも強く印象に残っていた。どこか遠くに行きたい。そんな言葉を連想したくなる光景だった。しかし、アフリカハゲコウに渡りの習性はないといわれている。

「今までは、そんなのあり得ないって思うようにしてたんだけどね」

だが実際、キンは飛んだのだ。しかも、新幹線と車で七時間もかかる距離を。

本当のことは、キンにしかわからない。それでも佐藤と大下は、キンのなかで何がおこったのか考えずにはいられなかった。


御坊市に到着したのは、深夜二時すぎだった。それでも柳川は高速道路の出口で二人を迎え、すぐにキンのもとへと案内した。

その電柱は、国道42号線から一本海側に入った静かな場所に立っていた。朝と夕方は、海沿いの道を犬の散歩やランニングをする人が行き来するが、日没後は人影もなく、塩屋水産加工の灯が消えたらあたりは真っ暗だ。

静かに車を進めるなか佐藤が目をこらすと、闇のなかに立つ電柱のてっぺんに巨大な鳥のシルエットが浮かび上がってきた。

やっと会えた……！

それは、八日ぶりに見るキンの姿だった。

兵庫県内での目撃情報から日がたつにつれて、最悪のシナリオが佐藤の頭をよぎりはじめていた。草食動物にくらべて、肉食動物は空腹に長く耐えることができる。おそらくアフリカハゲコウも四、五日は何も食べなくても大丈夫だろう。しかし、それ以上になると体力は急激に落ちる。長距離移動でケガをする可能性もある。情報のないまま生死もわからないで終わってしまうのか、あるいはどこかで息絶えているところを発見されるのだろうか。どちらも考えただけで、胃のあたりが苦しくなった。

だからこうして今、目の前にキンが立っていることが奇跡のように思えた。

キンは時々足の位置をわずかに変えるだけで、ほとんど動こうとしない。アフリカハゲコウは暗いところでは目が見えないので、夜明けまでは電柱から移動できないはずだ。

それでも佐藤と大下は、キンから目を離すことができなかった。

*

四時半すぎ、まわりが少しずつ明るくなってきた。

佐藤は準備してきた肉を取り出した。入れ物はお馴染みのプラスチックのバケツ。サファリランドのユニフォームを身に着けると、キンは「あ、知ってる人」という顔をした。電柱から海側に二十メートルほど離れたところにフラットな草地がある。そこでためしにホイッスルを吹くと、キンは素直に目の前に舞い降りてきた。

至近距離でキンを見た佐藤は、涙が出そうになった。

羽や頭皮は艶《つや》がなくパサパサで、目には疲労の色がくっきりと浮かんで見えた。サファリランドにいたときのエネルギーに満ちた優雅な姿からは想像もできない。キンが深く疲弊していることが伝わってくる。おそらくロストしてから何も食べていなかったのだろう、牛肉を手にすると夢中で首を伸ばしてきた。

お互いにとってここは、まったく見知らぬ場所だ。それでもキンはサファリランドにいるときと同じように、手からエサを食べてくれた。バケツに用意していた七百グラムの牛肉はあっという間になくなった。これだけ食べるのは、心を許してくれている証拠だ。これまでずっと一緒にトレーニングしていたことで、信頼や愛着のようなものをキンが感じてくれているのだろうか。

絶対に嫌なことはしない。

このルールを守り続けたことは、やはり間違いではなかった。そう思うと佐藤は少しだけ自信がわいてくるのだった。しかし、キンは一定の距離を慎重に保っている。それは手を伸ばしてもギリギリ届かない距離だ。佐藤が静かに一歩前に出ると、キンもさり

② 目撃情報

ロストから２日後、サファリランドから約 350 キロ離れた兵庫県で目撃される。写真でキンと確認されるが、その後は消息不明に

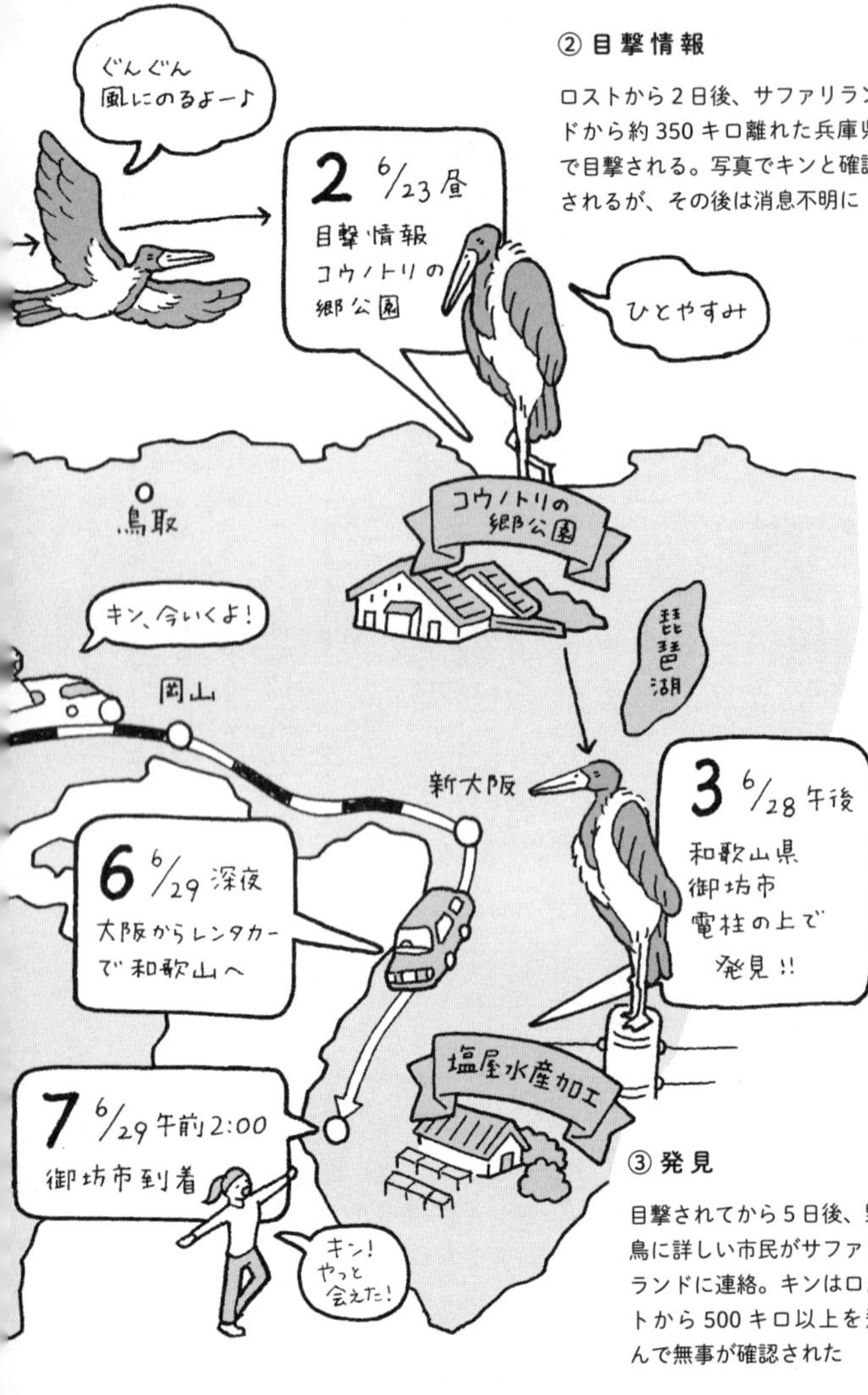

③ 発見

目撃されてから５日後、野鳥に詳しい市民がサファリランドに連絡。キンはロストから 500 キロ以上を飛んで無事が確認された

アフリカハゲコウ・事件簿 ①

―飛翔ルートMAP―

① ロスト

トレーニング終了後、ギンは自分から動物舎へ移動。しかしキンはふとした拍子に飛び立った。上昇気流にのり、姿が見えなくなる

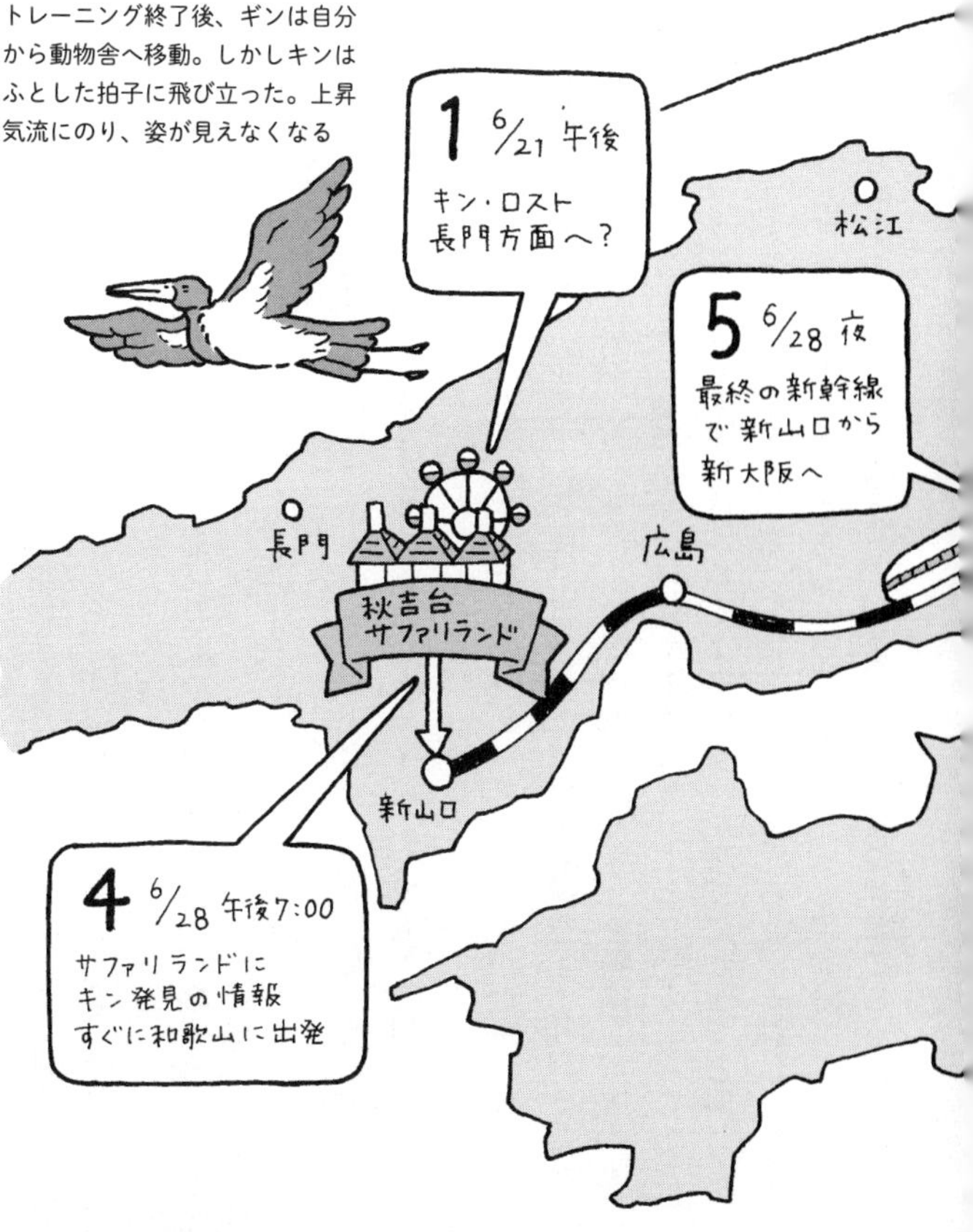

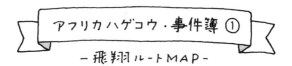

げなく一歩下がる。大下と協力して草地の隅に追い込もうとしたが、飛んで逃げようとする。ここで焦ってどこかに飛び立ってしまったら、キンには二度と会えなくなってしまうかもしれない。深追いは危険だと判断した。

満腹になったキンは、しばらくすると再び電柱の上に飛びあがっていった。

佐藤は、これからのことを考えた。

キンがロストしてから、会社や同僚には捜索の協力や少ない人数で通常営業をするためにずいぶん迷惑をかけてきた。本来なら多少強引な方法を使ってでも、一刻も早く捕獲を完了させてサファリランドに戻るべきなのだろう。

でもそれでは、これまでキンとの間に築いてきたものを失ってしまう可能性がある。大きな旋回を見せてくれたり、ルアーの合図で百メートル以上も滑空したり、そこから翼を打ち下ろして丘の上まで戻ってきたり、来園者の頭上ギリギリを通過して着陸するといったことは、すべてスタッフとの信頼関係があるから成り立っていることなのだ。もしもキンが、スタッフに恐怖心や不信感を抱くようになったら、これまでと同じようにトレーニングやフリーフライトを公開することは難しくなるだろう。それは、キンが生涯を〝籠の鳥〟として暮らさなければならなくなることを意味している。

タンザニアで暮らしていたところを捕獲され、はるばる日本まで連れてこられたことを考えると、それではあまりに不憫《ふびん》だ。そもそも、そんな生活を送るために、キンはサファリランドにやってきたわけではないのだ。

五百キロメートルの距離を飛翔する、莫大《ばくだい》なエネルギーを丸ごと受け止めることは難しいのかもしれない。それでもせめて、秋吉台の丘を自由に飛べる生活ができなくなるような結果にはしたくなかった。

報告を聞いた池辺は、捕獲方法について佐藤に一任することにした。

ただし輸送箱など必要な器材を車に積んで御坊市に向かうスタッフに、睡眠薬を持たせることも忘れなかった。これは逃走した動物を捕獲するときの必需品だ。動物園しか知らない多くの動物は、外に出ると恐怖と不安でパニックにおちいる。彼らの選択肢は、さらに人間から逃げ続けるか、攻撃するかのいずれかしかない。そのため吹き矢を使って麻酔で眠らせる。これが動物と人間の両方にとって、もっとも安全な方法といわれているのだ。

＊

「飛んだ！」

再びキンが翼を広げたのは、午前七時頃だった。

大下がキンの飛ぶ方向へダッシュした。その後を佐藤が追う。一瞬、緊張がはしったが、低空を保ったままでどこかに高く飛んでいく様子ではなかった。

キンが舞い降りたのは、電柱から五百メートルほど離れた河口の中州だった。近くにはトビなど数羽が休んでいる。人が入れないところで、どうやら安全地帯と認識しているらしい。キンは日中ずっとそこで過ごしていた。時々水は飲んでいるが、エサを探して食べる様子はない。そして、夕方四時すぎに電柱の上に戻ってきた。

「朝より、顔つきが良くなってるみたい」

牛肉をたっぷり食べたせいだろうか、佐藤が見ると、キンの疲労の度合いがいくらかやわらいでいるようだった。毛づくろいなどしているところから、精神的にも落ち着いているようだ。キンの心身の状態が悪くないとわかると、大下も少しだけ安堵《あんど》できた。

二人にとってありがたかったのは、キンのことを通報してくれた柳川と第一発見者の塩屋水産加工の社長や従業員の対応だった。もし野次馬が集まったら、たいていの動物は驚いて逃げてしまう。早く保護するために、このことは誰にも言わないでおこうということになったのだ。おかげで佐藤と大下は、キンのことだけに集中することができた。

この日の夜、サファリランドのスタッフが車で到着した。

池辺に何度か連絡を入れていた佐藤は、睡眠薬の使用について考えていた。でも吹き矢を使うつもりはなかった。幸いキンは、自分の持ってきたエサを食べてくれる。それなら経口投与で対応できるはず。大きな恐怖心を与えず、最低限のダメージで保護できると考えたのだ。

だが問題なのは、使用量だ。

睡眠薬には、人間用と動物用の区別はない。佐藤が使用するニトラゼパムは、塩野義《しおのぎ》製薬からベンザリンの商品名で販売されている睡眠薬で、不眠症に用いるときは成人一回分が五ミリグラムから十ミリグラムになっている。キンの体重は約六キログラム。成人の十分の一の体重だが、雑食性の野鳥の肝臓はおそらく人間の十倍以上の働きをしている。つまり解毒《げどく》能力がものすごく高いのだ。

だから薬の効果を出すためには、人間の何倍もの量が必要になる。家畜やペットのように臨床データが豊富な動物は、安全な使用量の目安をつけることができる。だが野生動物、なかでもアフリカハゲコウのように飼育例が少ない場合は、獣医師の経験と勘をたよりに適正な量を判断するしかない。

翌朝、十ミリグラムの睡眠薬を新鮮なアジやワカサギに入れて与えてみることにした。オレンジのバケツは魚専用のものだ。肉よりも魚がご馳走になっているキンは、呼ぶとすぐに電柱から降りてきた。薬入りの魚を美味しそうに食べる。かなりリラックスしているようで、バケツの水も飲んでいた。

食べ終わって三十分ほどすると、キンは少し眠そうにしはじめた。しかし、佐藤や大下が近づこうとすると、ハッと我にかえったような顔をして移動する。しばらくしたら電柱に上がってしまったが、そこでもまたウトウトしている。自分の体調がおかしいと気づいたのだろう、キンはより安全な場所を求めて昨日の中州に移動した。しかし、そこでも眠気には勝てず、足を曲げたまま動かなくなった。

午前中は干潮なので中州に渡ろうと思えばなんとかなりそうだ。だがキンはこちらが思うよりもはるかに敏感だった。途中まで近づくとその刺激のせいもあるのだろう、しだいに覚醒《かくせい》しはじめた。

ほかに方法はないのか。メンバー全員で再検討したが、安全で確実に保護するためにもう一度睡眠薬入りのエサを与えようということになった。佐藤は、五十ミリグラムのニトラゼパム入りのワカサギを準備することにした。今度は、朝に与えた量の五倍。かなりの増量になるが、キンの反応から命に関わることはないだろうと獣医師として判断したのだ。

昨日と同じように、夕方になるとキンは電柱に戻ってきた。今やここは、安心できる寝場所として定着しているようだ。オレンジのバケツを持って近づくと、すぐに降りてきた。朝、与えたエサの量が控えめだったせいか、キンの目は佐藤の手元に集中していた。ワカサギを差し出すとツルリと飲みこんだ。

食事が終わると、キンは再び電柱に戻っていった。佐藤と大下だけが電柱の下に立ち、

アフリカハゲコウ・事件簿②

①仮の宿は電柱の上

キンが落ち着いたのは、海沿いの静かな場所に立つ電柱の上だった。８日ぶりに再会した飼育員が呼ぶと、降りてきて牛肉を食べた。しかし、保護できるほど近づくことはできない。夜は電柱の上で眠り、昼間は500メートルほど離れた野鳥が集まる河口に移動して水を飲むなどしてすごした

---

②睡眠薬入りのワカサギを用意

キンを安全に、そしてストレスを最小限に抑えて保護するために、大好物のワカサギに睡眠薬を入れて与えることに。１回目は保護できず、薬剤を増量した２回目に意識を失う。電柱からフワフワと落下したキンに飼育員がダイブ。ロストから丸９日後に保護された

ほかのメンバーは余計な刺激を与えないように三十メートルほど離れたところに停《と》めた車に待機した。キンはかなり薬が効いているようだ。フラフラと体が揺れて落下しそうになるが、そのたびになんとか踏ん張っている。

すっかり日が暮れた夜七時半近く、キンはとうとうバランスを崩した。すかさず大下が、ガックリと体が落下して一瞬、長い足が電線にひっかかったように見えた。朦朧《もうろう》としながらも、翼を広げ登りはじめた。しかし、キンはそのまま落下していった。電柱をるところはさすが鳥だ。電柱から十五メートルほどフワフワと流され、草地に着陸した。

それとほぼ同時に、佐藤は思いきりジャンプした。

キンの体に手が届く直前、しっかりと目が合った。

ああ、これで嫌われる！

そう思いながらキンを抱きしめた瞬間、佐藤は声をあげて泣いていた。

獣医師でありチームリーダーとしての責任をひとまず果たせた安堵感、これでまたキンと一緒にいられるという思い、そしてキンに怖い思いをさせてしまったという自責の念、そうしたものが佐藤のなかで一気にはじけたのだった。

この後、キンはあれほど好きだったワカサギを絶対に食べようとしなかった。

＊

サファリランドに戻ったキンは、予想していたほどスタッフを警戒しなかった。展示場のなかでは、外にいたときよりも近くに寄ってくる。佐藤にはわずかながら警戒心を抱いているような態度を示すこともあるが、捕獲されたときのショックはほとんどといっていいほど残らなかった。オレンジのバケツを持って近づくと、むしろ以前よりも熱心にエサをねだろうとした。

動物のなかには、根に持つタイプと根に持たないタイプがいるが、全体的に見ると前者の方が圧倒的に多い。嫌なことや怖いこと、そうした体験は動物のなかに強く残る。そして、その後の行動を大きく左右する。なかには食べる、眠るといった生命に関わることにまで影響を及ぼすこともある。

だがそんな佐藤の心配をよそに、キンは実に大らかな態度を見せるのだった。

ただしフリーフライトの公開のためには、大きな課題があった。それは発信機の装着だ。動物園で働く者にとって、動物の失踪はあきらかな失態。今後も同様のイベントを続けるためには、改善策やロスト防止のための具体的な手立てを整えなければならない。

発信機をつけるためには、メンバーが体にふれても大丈夫な状態にする必要があった。エサを与えホイッスルを鳴らすと同時に、クチバシや胸、背中などをタッチする。手をのばすだけで最初は驚いていた二羽だったが、タッチの後に大きな肉がもらえると理解すると、自分から積極的にトレーニングに参加してくるようになった。クチバシの先は敏感なのだろうか、手をふれると嫌がるそぶりを見せることもあるが、それでも逃げてしまうことはなくなった。

一か月ほど様子を見て八月初旬から、展示場の外でのトレーニングを再開できるようになった。丘の上からの飛距離はしだいにのびて、よりいっそうダイナミックな旋回飛行を見せてくれる。

毎日、新鮮な肉や魚を食べてたっぷり運動をしているせいだろう、二羽とも筋肉がついて少しだけ体重が増えた。キンとギンは仲むつまじく巣にのぼっていることも多い。アフリカハゲコウは、ほかの鳥と違ってほとんど鳴き声をあげない。そのかわりクラッタリングといって、クチバシを空に向けて激しく打ち鳴らす音が展示場に響くことがある。

カチカチカチカチ！

これは求愛のためのディスプレーといわれていて、翌年になると繁殖行動に近いことも見られるようになった。

アフリカハゲコウの二世誕生は、まだ日本で前例がない。鳥は羽切りをしてしまうとバランスをとることができず、繁殖行動に支障が出るといわれている。だがフリーフライトを続けているキンとギンには、少なくともその点についての心配はない。兆候はなかなか見られないものの、佐藤をはじめスタッフのあいだに期待感は高まってくる。

毎日のトレーニングと週末のイベント。ときには気分がのらない日もあるけれど、抜群に調子がいい日もある。そうした波も含めて、キンとギンの生活はすっかり落ち着いて見えた。

＊

だが二〇一二年四月中旬、キンは再びロストした。

発見されたのは二日後の夕方。場所はサファリランドの隣の長門市だった。佐藤がスタッフと現場に急行すると、キンは田んぼの畦道《あぜみち》に立つ電柱の上にポツンととまっていた。

ロストした状況を分析すると、前回といくつか共通点があった。

季節は春から初夏。はっきりしない空模様が数日続いた後の、久しぶりの快晴。トレーニングを終えて展示場に戻る直前に舞い上がり、トビと一緒に上昇気流にのっていた点も同じだった。

やはり季節や気候が、キンのなかの何かを刺激するのだろうか？

いうまでもなく今回も、会社や同僚に迷惑をかけてしまった。同じ動物の逃走が二年連続でおこるというのは、動物園業界では大失態だ。

それでも佐藤をはじめチームのメンバーは、フリーフライト再開に向けてGPS装着トレーニングをすすめていた。

飛ぶときに支障がない素材やデザインで、それぞれのサイズに合ったハーネスは、市販のペット用のものを改造して完成させた。機械本体についても徹底的に調べ、軽量コンパクト、フル充電で十日間使用可能と、機能的に満足できるものを見つけることができた。使用料は一か月で九百八十円。サファリランドで新規導入するのにも無理がない金額だった。

キンとギンは、秋吉台の丘を自由に飛ぶためにタンザニアからやってきた鳥だ。そしておそらく、ここで飛ぶことを楽しんでいた。それを望み、教えたのは、自分たち人間なのだ。だからこそ人間の都合で「飛ぶな」とは言いたくない。だから今できること、考えつくすべてのことをしようと佐藤は思ったのだ。

二羽の鳥たちは、まだ多くのはかり知れないパワーを秘めている。莫大なエネルギー、強靭《きょうじん》で美しい体、しなやかな生命力。威圧的ではないのに、圧倒的な存在感がある。動物園という空間のなかでこれほど身近に、人間がとうていかなわない生き物を感じられる場所は多くはない。

とはいえ、ここは動物園だ。ここで暮らす動物は、間違いなく人間にコントロールされた世界に住んでいる。

アフリカハゲコウのフリーフライトは、これからどうなるのか――。

「イベントの中止もありうる」

動物部長の池辺はそう答えることしかできなかった。今後のことについて、もはや現場の人間が意見や希望を出せる状況ではなくなっていたのだ。

すべては園長と本社幹部の判断に委ねるしかない。

そして会議の日、その席で園長は言った。

「鳥は、飛ぶものです」

その言葉には、妙な説得力があった。それに本社幹部も同意した。

こうしてアフリカハゲコウのフリーフライトは、その後も続けられることが決定したのだった。

＊

「背中につけてるの何ですか？」

佐藤がキンとギンのハーネスにＧＰＳを装着していると、展示場のネット越しに学生らしきカップルが声をかけてきた。佐藤が説明すると「なんか、かっこええねぇ」と笑

いあっている。あと数分でイベントが始まることを案内すると、さっそく丘のほうへと歩いていった。

　キンが二度目にロストしてから数か月。今ではイベントやトレーニングで展示場の外に出す前には、かならずGPSを装着することにしている。二羽はすっかり慣れっこになっていて、指示を出すと翼を閉じて少し姿勢を低くするなど協力的だ。

「こちら準備オッケーです」

「了解」

　佐藤が無線で知らせると、丘の上で待機している大下からすぐに返事がきた。

　今日のイベントは大下が進行係、佐藤は展示場でスタートとイベント後の収容を受け持っている。天気の良い週末で、会場にはたくさんの来園者が集まっていた。

キンとギンもやる気じゅうぶん。展示場の扉の前で、何度も翼を広げて派手な羽音を響かせている。

丘の上で、イベント開始を合図するホイッスルの音が響いた。

佐藤が扉を開けると、キンとギンはあっという間に展示場から丘へ向かって飛び立っていった。背中には黒いGPSが小さく光っている。

これを使うことなどありませんように。ハーネスに装着するとき、佐藤はいつも祈るような気持ちになる。ロストはあってはならない。動物園で働く者にとって、これは大原則だ。

でも佐藤のなかには、いつかまた何かがおこるのでは……という思いもあった。もちろん望んでいるわけではない。でも、どこかで少しだけ期待しているようなところもあった。

展示場前から丘を登る。観覧車をバックに、キンとギンが交互に旋回する。これまでに数えきれないほど、目にしてきた光景だ。それなのに佐藤は、美しくてパワーあふれる二羽の姿にいつも見とれてしまう。

でもこれは、キンとギンにとって、ごく自然なあたりまえの姿なのだ。

だって、鳥は飛ぶものなのだから。

キリン

その1
無口な男の子

最初は、何かの間違いかと思った。しかし何度見直しても、目の前に並ぶ三文字は変わらない。

高木直子《たかぎなおこ》のなかで、まもなくわきあがったのは「なぜ?」だった。

その言葉が、しばらく頭のなかでグルグルと駆けめぐる。だがあまりに突然のことで、ほとんど実感がわいてこない。だから、いつまでたっても「なぜ?」の答えにつながる要素が浮かんでくる気配はなく、それでもどうにか気持ちを落ち着かせながら、心のなかでもう一度その三文字を読んだ。

キリン――。

そこには誰もが知る、大型動物の名前が書かれていた。

二〇〇二年十月某日。京都市動物園のミーティングルームは、独特の緊張感と熱気に包まれていた。集まったのは、ここで働くすべての飼育員。この日は、新しい担当動物の告知日だ。

担当表が配付されると、皆一斉に自分の名前の横にある動物の名を確認する。

項目は「担当」と「副担当」のふたつ。それぞれの欄に数種類の動物が記載されている。ここ京都市動物園に限らず多くの動物園では、ひとりの飼育員が何種類かの動物を受け持ちながらチームを組んで世話をする。そして一部例外を除いて、ジョブローテーションのもとほとんどの飼育員は、数年に一回の頻度で担当動物が替わることになっている。

新担当の発表から数分。先ほどまでの熱気は、みるみる日常の空気へと戻っていった。だが高木の心臓は、いまだ高鳴ったままだった。

この動物園で、飼育員として働いて八年。これまでにウサギやモルモットなどの小動物、ヤギやヒツジといった家畜、ほかにアカゲザル、チョウセンオオカミなど数多くの動物を担当してきた。だが大型動物については、まったくの未経験だ。

チャンスがあれば関わりたいという思いは、もちろんこれまでにもあった。だがキリンは動物園を代表する人気動物であり、飼育現場においては大型動物を世話するときの注意点やコツがある。通常こうした動物は「副担当」として基本的な知識や技術を学び、数年後にひとり立ちという意味合いを持って「担当」になるケースがほとんどだ。

だから「担当」の欄にキリンの文字を目にしたとき、高木は呆然《ぼうぜん》とするしかなかった。

＊

早速、前任者からの引き継ぎが始まった。

グリーンのユニフォーム姿の高木は、セミロングの髪を左右ふたつに結ぶと、つばつきのコットンの帽子を深めにかぶって事務所を出た。仕事をするときは、いつもこの組み合わせだ。動きやすさと日焼け対策を考えたスタイルは、園内では彼女のトレードマークになっている。

通常、朝の仕事が始まるのは八時半すぎから。飼育員がそれぞれ担当動物のもとに向かうと、園内はにわかににぎやかになる。各施設からは動物の声が響き、そこに施設のドアや柵《さく》を開閉する金属音、食事の準備をする音、飼育員どうしのやりとりの声などが重なる。

だがキリンの施設だけは、シンと静まりかえっていた。

高木がドアの前に立っても、内部からは物音ひとつ聞こえてこない。あの巨大な動物が、本当にここにいるのだろうか？　そう思いたくなるほど、そこは静寂に包まれていた。

鍵《かぎ》を開けた前任者についてなかに入ってみると、鉄格子越しに薄黄色の細長いものが見えた。キリンの肢《あし》だ。ところどころに茶色の模様が入り、その先には中央からふたつに割れた蹄《ひづめ》がついている。それが音もなくコンクリートの床に敷き詰められた稲ワラを踏みながら、互い違いに近づいてきた。

だが動物舎の構造的に、高木が立つ位置からキリンの顔は見えない。

「上に行こう」

前任者に呼ばれて鉄階段をのぼると、二メートル四方ほどのフラットなスペースになっている。ここはキリンのエサ台だ。高木がのぼりきると、長いまつげに縁取られた大きな瞳《ひとみ》があった。

キリンの名前は、キヨミズ。

園を代表する人気動物のことは、もちろん高木もよく知っている。キヨミズは、三歳になる雄のキリンだ。だがこれほどの至近距離で、真っ正面から顔を合わせるのは初めてのことだった。

「朝の挨拶《あいさつ》はいつもここでしているんだ」

前任者が名前を呼ぶと、キヨミズは首を少しだけそちらに傾けた。光の角度が変わると、長いまつげの一本一本までがハッキリと見える。鼻の穴は、顔の先端のほぼ真上についている。耳は意外と先端が尖《とが》っていて、正面から見ると両目の真横からぴょこんと飛び出しているようだ。

かわいい！　そして、なんて優雅なのだろう……。

目の前にいる世界一背の高い動物に、高木はすっかり見とれていた。

どこの動物園にもいる人気動物。

そうイメージされるキリンだが、現在、日本国内での飼育数は減少の一途をたどっている。

主な理由のひとつは、ワシントン条約などの影響で野生個体の保護が進み、それにともない海外の繁殖個体の値段が高騰したためだ。かつては相手国に支払う金額は一頭につき数百万円単位だったが、現在は一千万円以上ともいわれるようになり、海外から譲り受けることは事実上不可能になっている。

外から新しいキリンを迎えることができないのであれば、全国の動物園が協力しあって繁殖を進めるしかない。だがそれも、スムーズにはいかない。繁殖できるペアが揃《そろ》っている園は限られている。大型動物であるキリンは、成獣になると移動に大きなリスクをともなうので、個体の交換や貸し借りが容易にできないという事情もある。また複数のキリンを同時に飼育するスペースの確保が難しいという問題もからむ。

こうしたことからペアのいずれかが死亡すると、そのまま繁殖が途絶えてしまうケースはめずらしくない。個体数が減少しているため、血統が偏っていることも新しいペアの成立を難しくしている。

そのため今、キリンは日本の動物園で稀少《きしょう》動物のひとつになっている。このままの状態が続けばアフリカゾウやゴリラと並び、三十年から四十年のうちに国内の動物園から姿を消してしまう可能性があるとさえいわれているのだ。

ここ京都市動物園でも、かつて飼育していた高齢のキリンが死亡してから約九か月、展示場は空のままだった。埼玉県から当時一歳半のキヨミズがやってきたのは、一年半ほど前のことだ。

二〇〇二年現在、飼育されているのはキヨミズ一頭だけ。人気者であるうえ、若いキリンの将来には繁殖という大きな期待もかかってくる。いうまでもなく大切な、大切な一頭なのだ。

与えられた使命は、稀少種にして人気者の大型動物の命を守ること。その事実を冷静に受け止めるほどに、高木の戸惑いは深くなるばかりだった。

私が、このコの世話をする？　いったい、どうやって?!

＊

どうしても動物園で働きたいという強い気持ちは、学生時代の高木にはほとんどなかった。

出身は静岡県浜松市《はままつし》。京都で暮らすようになったのは、高校を卒業して動物系専門学校に進学した十八歳のときだ。当時の興味の対象は犬だけといっても大げさではなく、入学当初の目標はドッグトレーナーだった。

だが牧場研修を体験してみると、ほかの動物の魅力にも気づく。ウシやウマに関わる仕事もいいな。そんなことを考えるなか、やがてボランティア活動をきっかけに、京都市動物園の関連施設の野生鳥獣救護センターでアルバイトとして働くようになった。犬やウシ、ウマへの興味が薄れたわけではなかったが、やってみると知識や経験が確実に積み上がっていく手応《てごた》えがある。傷ついた野鳥を救うという仕事内容にも、やりがいを感じた。

やがて卒業を迎えたタイミングで、嘱託員《しょくたくいん》に空きが出たという京都市動物園のすすめで、同園で働くようになった。

高木の飼育員のキャリアは、〈おとぎの国〉からスタートした。ここは来園者がウサギやモルモット、ヒツジ、ロバなどの動物たちと接することができる、ふれあい型の展示施設だ。

動物園で〝ふれあい〟をテーマにした施設は、複数の存在意義を持つ。来園者にとっては、楽しく貴重な体験ができる場所であり、動物や命あるものへの興味の入り口としての教育的な意味合いもある。そして集客を大きく左右するという点で、経営面での影響力も強い。

施設にやってくるのは、小さな子どもをはじめ動物との正しい接し方を知らない人々だ。だから来園者と飼育動物両方の安全を確保することは、飼育員にとって重要な仕事のひとつになる。同時に動物の魅力や特徴が伝わるように、アプローチにも工夫しなければならない。この施設の飼育員は、来園者にとっての楽しい時間を演出する役目も担っているのだ。

今、こうした接客は、飼育員の日常業務のなかで大きなウエイトを占めるようになっている。展示施設の形式にかかわらず、動物本来の姿や行動が魅力的に見えるよう飼育員それぞれが、来園者の興味をひく演出や注目を集める説明を考えるのだ。人前で話すことが得意でない者もいるが、人知れずリハーサルをくりかえし、苦手意識を克服する者も少なくない。

高木が飼育員として働きはじめた当時は、接客よりも動物の世話に集中することが飼育員のあるべき姿という考えが、主流とされた時代だった。だが実際に〈おとぎの国〉で働いてみると、接客や説明の善し悪《あ》しが来園者の満足感を大きく左右することが次第にわかってくる。たとえ些細《ささい》なことでも具体的なエピソードがあれば、人は目の前にいる動物にグッと興味をよせるのだ。現場の飼育員にとって、この反応は嬉《うれ》しい。

高木は、動物たちの個性や魅力が伝わるような情報をストックしておいて、来園者の様子に応じていつでも披露できるよう心がけた。そうしていると、その動物の名前を覚えて再び会いに来てくれる人がいる。それがやがて、動物の固定ファンになる。人前で話すのが大好きとはいえない高木だったが、そのプロセスは面白かった。

こうした仕事ぶりが評価されたのだろう、三年ほどして上司から正職員への昇格を打診された。もし学生時代から飼育員を夢みてきたとしたら、それは願ってもないチャンスだ。だが高木は躊躇《ちゅうちょ》した。正職員になれば、組織の一員として認められるかわりに責任は何倍も増す。その状況を考えると少し窮屈で、自分にはとても務まらないような気がしたのだ。

やはり、今のままがいい。

そう思って、一度は断った。だがそんな理由で上司は納得しない。困って両親に相談すると「とりあえず、やってみたら」と言われた。やってみてもし何か問題があれば、またそのときに考えればいいのだ。それを聞いて、高木はようやく肩の力が抜けた。

同時に、仕事への集中力は以前にも増して高まった。

高木の働く施設は、動物の個体数が多い。毎日の食事や掃除をはじめ、個体それぞれの体調確認など、日々の基本業務だけでも時間がかかる。時にはそれを中断して接客にあたらなければならないこともある。

目の前にいるウサギやモルモットたちを真剣に見られるのは、この動物園で自分だけしかいない。そう考えると、もっと飼育業務を優先したいという思いにかられることもある。だがそれでは、この施設の飼育員としての仕事を果たしたことにはならない。複数の動物の世話をしていれば、心配ごとが長引いたりトラブルが重なることも多い。それでも来園者の要望があれば、笑顔でていねいに対応する。思ったような飼育ができず落ちこむこともあったが、精神的にはかなり鍛《きた》えられた。

動物園の飼育員として、必要な基礎は一通り身についた。

高木がそう思うようになったのは、ここで働いて六、七年を経たときのことだ。流れるように、その時々で判断しながら、高木はここまで進んできた。これでいいのかと迷ってしまうこともあったけれど、飼育員としてもっと経験を重ねたいという気持ちだけは揺らがなかった。

最初の数年を振り返ってみると、飼育員の仕事は、生活を維持するひとつの手段という感覚がどこかにあったような気がする。仕事の内容よりも、まずは自立したい、自分の力で生活しなければ！　そんな気持ちの方がはるかに強かったのだ。

でも、今は少し違う。少なくとも、お金のために働いているという意識はない。

それからしばらくして、高木は大きな転機を迎えたのだった。

＊

資料にある三桁《みけた》の数字を目にして、高木はあらためて圧倒されていた。

三百七十キログラム――。

キヨミズがこの動物園にやってきた当時の体重だ。それから一年半を経てあきらかに成長している今、さらに百キログラム前後増えているはずだ。

これは、高木が以前に担当していたウサギの約二百五十倍、モルモットなら約五百倍にあたる。これから自分が「担当」として世話することを考えると、体重のみならず責任の重さに息が詰まるような気分になってくる。

前任者からの引き継ぎ期間の二週間は、あっという間に過ぎた。

このあいだに高木は、安全確保を含めた動物舎の取り扱い方、食事内容と与え方、掃除のやり方、運動場や寝室へキヨミズを誘導する方法などを必死で覚えた。だがすべては、必要最低限のものだ。

そんなわずかな期間ではあったが、ひとつ意外なことがわかった。

ガラス細工のような、繊細な神経と精神を持った動物――。

キリンについて多くを知らない高木だったが、この大型動物が飼育現場でそういわれていることは耳にしていた。彼らは、かすかな音や変化、見慣れぬ物に過敏に反応する。清掃作業に使ったほうき一本を置き忘れただけで、寝室に入れなくなってしまうという話は、キリンを理解するためのわかりやすいエピソードのひとつといえるだろう。キリンは動物園で飼育される動物のなかでも、とびきりの怖がりといわれているのだ。

大きな恐怖やショックを感じると、キリンはパニックをおこして走りだし、それが重大な事故につながることがある。暴走した拍子に滑って肢や首を痛めたり、動物舎や展示場内部の隙間《すきま》に肢や首を挟んで骨折し、そのまま動けなくなり衰弱死することもある。こうしたキリンの事故死は、動物園関係者のあいだでは珍しくないこととして知られている。

彼らと接するとき、注意すべきなのはとにかく驚かせないようにすること。高木がこれまで耳にしていたキリンの飼育法は、パニックや事故の原因になりそうなものは徹底的に排除するというものだった。

でもキヨミズは、違っていた。ピリピリ、ビクビクしたムードはほとんどない。

キリンに接するのは初めてだが、これまで多くの動物の世話をしてきた高木にとって、動物の緊張を察することはさほど難しいことではない。高木と初めて顔を合わせたときも、キヨミズはむしろ挨拶をするように自分から近づいてきた。見慣れない相手の様子をうかがうようなところもあるが、それは警戒しているというより、好奇心を静かに膨らませているような印象だった。

「キヨくん」

運動場に出しているときも、名前を呼ぶと自分からやってくる。表情からはわからないが、躊躇のない足運びを見るとなんだか嬉しそうだ。キヨミズは、あきらかに人に馴《な》れていた。

本来、神経質なキリンが、なぜそれほど人間との距離が近いのか?

前述したように、京都市動物園では約九か月のキリン不在の時期を経て、二〇〇一年の春、当時一歳半だったキヨミズを迎えている。

キリンは生まれてから成獣になるまで、雄は五、六年、雌はもう少し早くて四年ほどといわれる。つまりこの動物園に来たばかりのキヨミズは、まだ子どもだった。個体差はあるものの、離乳から何か月もたっていないことは間違いない。そんなキヨミズが母親から引き離され、先住キリンがいない動物舎で生活することになったのだ。

本来キリンは群れで暮らす習性を持っている。幼いキリンにとって、単独飼育はなおさら辛《つら》かったのだろう。やがてキヨミズは、首を後ろに反らすことが多くなっていった。

これは、キリンがストレスを感じたときにとる行動のひとつだ。

孤独な日々は、幼いキリンの心をさらに疲弊させていった。首を反らす回数はさらに多くなり、時間も長くなっていく。あまりに頻繁で、首を反らしたまま歩くこともあった。顔は上を向いたままなので、壁や柵などにぶつかってしまう。異常な姿勢ゆえバランスも悪く、このままではいつ大事故につながってもおかしくない状況だった。

キヨミズの心と身体が危ない。

そう感じた前任者は、積極的なコミュニケーションを試みることにした。できるかぎりキヨミズと一緒にいて、話しかける時間をつくったのだ。この方法がどの程度の意味を持つのか、それは前任者にもわからなかった。もちろん人間がキリンのかわりになることはできないし、キリンが人間の言葉を解せるとも思えない。

だが飼育員と共有する時間、そこで享受した優しい言葉や態度は、幼いキリンの寂しさをやわらげる力になっていった。「独りではないよ」「もっと安心していいよ」という気持ちが伝わったのだろうか、やがて反り返った首は元に戻り、そしてキヨミズは人間が好きなキリンに成長したのだった。

この事実を知ったとき、高木は決心した。

今の自分に必要なのは、一般的なキリンの知識や情報よりも、キヨミズを理解することなのだ。神経質な動物という先入観はひとまず捨て、高木はキヨミズそのものを理解する方法を考えていこうと思ったのだった。

＊

キリン担当の飼育員にとって、一日の作業の多くは掃除に費やされるといっても大げさではない。朝、キヨミズに食事と新しい水を与え、屋外の運動場へと送り出すと、高木はさっそく清掃用具を持って空になった寝室に入る。掃除は基本的には手作業だ。竹ぼうきや熊手《くまで》などで排泄物《はいせつぶつ》を掃き集め、汚れた稲ワラを新しいものと取り替える。大部屋は約八十平方メートル、小部屋は約十六平方メートル。キリンの動物舎としてごく平均的な広さだが、二部屋の掃除をひとりでおこなうと、ほぼ午前中いっぱいかかってしまう。

高木は、この時間がなんとももどかしかった。

もちろん掃除は、飼育員にとって大切な仕事だ。だがそのあいだは安全のために動物舎の扉を閉めなければならず、運動場にいるキヨミズの様子がまったくわからない。彼が何を好み、何に興味を感じるのか、どんな些細なことでもいいので知りたい。そのためには一分、一秒でも長く観察するしか方法はないのだが、午後になればまた別の作業が待っている。今のままでは、キヨミズの姿を目で追う時間を確保することも難しい。なんとか作業の手を休めずに、キヨミズを観察できる環境をつくれないだろうか?

高木がふと思いついたのは、馬栓棒《ませんぼう》だった。

牧場や馬場を訪れると、馬房から通路や屋外に向かって馬たちが首を伸ばしている光景に出会う。馬栓棒とは、馬と人のスペースを仕切る横棒のことだ。大型動物ゆえパワーはあるが、キリンは気性が荒いわけではない。自分から物を壊しにいくようなことはないため、体格に合わせた高さに横棒を設置すれば、馬と同様の使い方ができるのだ。さっそく上司に相談して、動物舎と運動場の仕切りに馬栓棒が使えるようにした。

このアイデアによって高木は、ようやくキヨミズに少しだけ近づくきっかけができたような気がした。掃除をしながら運動場へ目をやれば、馬栓棒越しにキヨミズの姿が見える。首を少しだけ前後させながら歩いているときもあれば、四肢を揃えて柵の外を見つめていることもある。来園者の呼びかけに応えたのか、それとも偶然なのだろうか。立ち止まって、そちらに顔を向けていることもある。時にはモグモグと口元を動かしていて、これは反芻動物《はんすうどうぶつ》独特の行動だ。やがて高木は、反芻行動はリラックスしている目安だと気づくのだった。

キヨミズが、ここで安心して和《なご》んでいる。

その姿を目にするとき、高木は飼育員として心穏やかになれた。さらに嬉しいのは、作業中に視線を感じたときだ。振り向くと馬栓棒の向こうで、キヨミズが少しだけ肢を開いてこちらを眺めている。

「キヨ、そこにいたの？」

高木が気づくまで、どのくらい待っていたのだろう。つい今しがた来たばかりなのか、あるいはもう五分以上も前なのか。

清掃作業中は、高木が手にした熊手がフロアを行き来する音くらいしかしない。高い天井の動物舎は、シンと静まりかえっている。たったひとりで作業していると、ここは本当に静かだ。

それでいて少し作業に没頭していると、いつのまにかキヨミズがそこに立っていることがある。三メートルにも及ぶ長身ながら、足音や息を吐く音、その気配さえ感じさせない。まったくキリンというのは、なんて物静かな動物なのだろう。

高木が馬栓棒のすぐわきに近づいても、キヨミズの表情に変化はない。だが静かに向かい合っているうちに、正面から見える立体的な目は、運動場から差し込む滑《すべ》らかな光のなかでより優しく輝きだす。

人間と視線を合わせたいという欲求は、おそらくどの動物にもあるものではないだろう。ペット動物代表の犬でさえ、信頼関係ができている相手でなければ真正面から見据えられることを好まない。だがキヨミズはそれを求めるように、高木の背の高さに頭を降ろそうとするのだ。

だから高木は、エサ台にのぼる時間を毎日確保した。

ここにのぼれば、キヨミズと同じ高さで目を合わせることができる。朝の挨拶はもちろん、夕方も可能なかぎり時間をつくる。これは前任者の時代から続くコミュニケーションの時間。キヨミズを孤独から救った試みのひとつだ。

担当が高木に替わっても、キーパーエリアの〝同じ目線の時間〟は、キヨミズにとって大切な日課のひとつになったのだった。

キリン担当になって一年、飼育についてようやく全体像が見えてきた。

これまで高木には、ずっと気になっていたことがあった。それは、キヨミズが小食だということだ。

＊

二〇〇三年十月。高木は、キヨミズの体重測定をおこなった。

これはキヨミズにとっても、そして京都市動物園でも初めてのこと。ちなみに全国的にもキリンの体重測定はほとんど例がない。大型動物の体重測定には専用の機材が欠かせず、さらに動物がそれに慣れる必要があるからだ。だが数年前、同園ではゾウ用の体重計を購入していた。大型動物用ながら移動可能なパネル式なので、それをキリン舎に運びこんだのだ。

ゾウは飼育員とのトレーニングのなかで、かなり親密な意思疎通ができる。「進め」「止まれ」程度のことは、彼らにとってお手のものだ。だがキリンは、こうしたトレーニングはおこなわないし、見慣れないものは基本的に避けようとする。体重計の上に稲ワラを敷き、少しでも違和感が薄れるようにしてみたが、さて、どうなるのだろうか……。

そう思っていた高木だったが、誘導するとキヨミズは、こちらの意図を理解したかのように所定の位置にきちんと立ってくれたのだった。

「キヨくん、えらい！」

さすがは人馴れした、大らかなキリンだ。この適応力には、高木をはじめ同僚飼育員の誰もが感心してしまった。

測定の結果は四百九十キログラム。最初こそ大型動物の体格に圧倒されたが、育ち盛りの四歳の雄のキリンとしてはかなり小柄なほうだ。

キヨミズはもともと消化器系が弱いのだろう、すぐに下痢をする。これまで高木は、食べ物の組み合わせや量をあれこれ調整してきたが、状態はいっこうに安定しない。朝、寝室に敷いた稲ワラがベタリと汚れていると、実際に首を前に倒したくなるほどガッカリする。

特に高木を悩ませたのは、同じエサの内容と量を与えていても、好調と不調があるという点だった。どうしても原因がはっきりしない。無力感と焦り、キヨミズの心身を理解できない不甲斐《ふがい》なさで何度消沈したかわからない。あきらかなのは、気温が下がってくるとたちまち体調が不安定になることだ。だから一年目の冬は、ずいぶんと心配させられた。

キリンの健康な糞《ふん》は、コロコロとしていてほうきや熊手などで掃き集めることができる。稀《まれ》に地面に丸い固形物が散らばっていると、高木にはそれがキラキラと輝く宝石のように見えるのだった。

将来、キヨミズは雌のキリンを迎えて、ここ京都市動物園で新しい命をつなぐことになるだろう。そのためにはもっと健康で、たくましくなってほしい。そう思い続けてきた高木は、この一年を経て大きな疑問に行きついていた。

毎日与えている食事が、根本的に間違っているのではないだろうか？

担当になったばかりの頃、高木をもっとも驚かせたのはキリンに関する情報があまりにも少ないことだった。

日本に初めてキリンがやってきたのは一九〇七年のことで、以来、日本では八百頭以上が飼育されてきた。さぞ多くの記録があるのだろうと調べてみたが、期待するような資料やデータはほとんど見つからなかった。キリンの行動や習性、必要なエサの種類、分量、そして四季がある日本の動物園での飼育で気をつけるべき〝キリン担当にとっての常識〟といえることが判然としない。体系的な情報は、ほとんどないといってもよかった。

また日本国内で、キリンの飼育担当者どうしが情報交換をおこなえるシステムや組織も見当たらない。この手探り感は、いったい何なのか。これまで担当していた小動物や家畜を基準にしたら、とても考えられない。

ちなみにヨーロッパの飼育マニュアルの翻訳版が流通するのは、このときから十年近く後のことだ。現在は、この内容を参考にする動物園も増えつつあるが、それまでのキリンの飼育現場というのは、わずかな情報をもとに独自に飼育方法を構築することがあたりまえの世界だったのだ。

さらに高木を驚かせたのは、日本の動物園におけるキリンの飼育の基礎はウシの飼育がもとになっていることだった。エサの種類や必要な栄養素、カロリー計算の方法など、基準になるデータはすべてウシに関するものをもとに構築されている。理由は、動物学的分類でキリンは偶蹄目《ぐうていもく》、つまりウシの仲間になるからだ。

ちなみに同じ分類グループには、カバやイノシシ、ラクダ、ヤギ、シカなども入り、この種《しゅ》がかなりバラエティに富んでいることがわかる。そしてこれらすべての動物たちにとってベストな食事内容が、ウシと同じと考えることはいくらなんでも無理がある。

キヨミズの毎日の主な食事は、ペレットと呼ばれる草食獣用の飼料のほかに、リンゴやイモ、ニンジンなど根菜類をカットしたものだった。

だが野生のキリンは、こんな食事はしていない。サマースクールで来園した子どもたちに、高木はいつもこう説明している。

「キリンは、木の枝に生えている葉っぱを長い舌でそぐようにして食べます」

それなのに実際の飼育現場では、まったく違う食べ物を与えているのだ。

こうした食事内容でも、胃腸の強い丈夫な個体であれば順調に成長して無事に繁殖へ至ることもできるだろう。だが従来の飼育方法のなかで、健康に恵まれなかったキリンがいたことも容易に想像できる。

食事の管理は、飼育員の基本的な仕事だ。だが自分は、キヨミズにとって必要なものさえ与えることができていない。そう考えたら、高木はいてもたってもいられなくなった。ウシは草を食べる動物だが、キリンは樹木の葉を食べる動物なのだ。

この食事は、あきらかに間違っている。まずは、そこから変えていかなければ！

＊

あらためて高木は、野生のキリンの食性について調べてみた。

本来の食べ物はマメ科の植物だ。だが日本の動物園で、彼らのお腹《なか》と必要な栄養素の両方を満たすほどの量の葉付きの枝を確保することは難しい。それならせめて、同じマメ科の植物を基本飼料として与えたいと高木は考えた。

その代表のひとつはルーサン（別名アルファルファ）で、前任者の頃から購入はしていた。だがおそらく質の問題なのだろう、キヨミズはほとんど食べようとしなかった。

なにしろ成獣の雄にしては、小食なのが気になる。胃腸の調子もなかなか安定しない。栄養価が高くて、キヨミズが美味《おい》しいと感じる食事を与えることは、担当飼育員として最大の課題といってもよかった。

「もっとキリンの好みに合う、ルーサンを購入したいんです」

上司に相談したが、相談された方も困惑は隠せない。キリンが好む味といっても、何を基準にしたらいいのか見当がつかないからだ。だが高木の熱意に押されるように、わずかながらルーサンのサンプルが手に入った。

さっそくキヨミズに与えてみた。だが少し口にしただけで、すぐに興味を失ったように食べるのをやめてしまった。

落胆と同時に「やはり」という思いが、高木のなかに広がった。そのルーサンは、あきらかに質の低いものだった。それでも苦労して手に入れた貴重なサンプルだ。空腹のときなら、キヨミズは食べてくれるのではないか。そう考えて、タイミングを変えて与えてみた。だが結果は、まったく同じだった。キリンは、美味しいと感じるものしか食べない。どんなにお腹がすいていても、好みに合わないものは口にしない動物なのだ。

もっと上質なものを仕入れなければ。

そう考えた高木は、時に詫《わ》びながらそして時には強い態度で、上司と交渉しながら理想のルーサンを探し続けた。そしてようやくキヨミズが気に入ってくれるものが見つかったとき、気づけば二年の歳月が過ぎていた。

食べ物が変わることで、キヨミズの胃腸の調子はかなり安定した。冬場は下痢が続くこともあって気が気ではなかったが、朝、稲ワラの合間に転がる〝宝石〟に出会える日が格段に増えたのだ。

＊

さらに高木が考えたのは、葉付きの枝の安定供給の方法だった。

野生のキリンは、枝についた葉を長い舌を使ってこそげ集めるようにして食べる。なるべく継続的に与えようと、高木は園内に生えている樹木の枝を集めていたが、刈り取り作業を毎日することは難しい。それでも春夏はそれなりに手に入る。しかし、晩秋から真冬になると園内での調達は限られてしまう。

一年を通じて、キヨミズに枝についた葉っぱを食べさせてあげたい。だが新鮮なものは、動物園飼料のなかでもかなり稀少な存在だ。

あの人に、相談してみようか……。

高木にとって唯一の心あたりは、有限会社クローバーリーフ代表取締役の西窪武《にしくぼたけし》という人物だった。取り扱っているのは動物園用の食用植物で、本社は京都府内にある。といっても奈良県と三重県、滋賀県の境に位置する南山城村《みなみやましろむら》で、京都市動物園のある左京区《さきょうく》から車で片道一時間半はかかる。当時、京都市動物園では一部の動物のために、西窪が専用農場でみずから育てた青草や竹などを購入していたのだ。

年間を通じて葉付きの枝を供給するためには、数多くの植物を扱いながら季節に応じ

㊙キリンの姿

―おすわりはリラックスの証―

野生ではほとんど見られないが、
京都市動物園で暮らすキリンは季節が良いときは座ることが多い。
それぞれにお気に入りの定位置があり、ウトウトしたり反芻して口を動かすなど、
のんびりした時間を楽しんでいる。
子どものキリンは好奇心旺盛にあたりを見回していることも

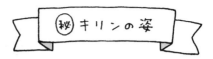

た旬のものを出荷しなければならない。味にうるさいキリンが気に入る種類や質のものを選ぶため、数多くのサンプルから選別する作業も必要だ。それでも高木が相談すると、西窪は「やってみましょう」と約束してくれた。

専用農場は完全無農薬栽培で、化学肥料や動物性原料の肥料も扱っていない。また収穫はすべてカマによる手作業で、これなら機械油の付着によって本来の味や風味が損なわれたり、異物が混入する心配もないという。

こんな、すごい人がいるのか……。

西窪の話に、高木はすっかり感心してしまった。なにしろ動物園飼料の世界では、画期的なことばかりなのだ。現在、クローバーリーフの西窪といえば、全国三十数か所の動物園に新鮮な生の飼料を販売する、動物園ビジネスの成功者として知られた存在だ。そんな西窪にとって、京都市動物園は最初の取引先だったのだ。

さっそく届いたサンプルは、高木がこれまでに見たこともない良質なものだった。束になった枝には、美しい緑の葉がフサフサと揺れている。さっき収穫したばかりといわれても、まったくおかしくないほどの瑞々《みずみず》しさだ。訊《き》けば、収穫したらすぐに専用の冷蔵車で保存して、その日の夜中から明け方にかけてトラックで輸送することができるという。

キヨミズの反応は、これまでとあきらかに違っていた。長い舌を枝に絡ませて、そのまま力強く引っ張るように移動させながら緑の葉をまとめてこそげ集めていく。モグモグ、モグモグと口元が動くたびに、臼《うす》のような奥歯が葉っぱをすり潰《つぶ》す。細かくなった葉が長い食道を通過していると思われるとき、すでに次の枝へと舌を伸ばしている。
貪欲に食べ物に熱中するキヨミズの姿に、高木は新鮮な感動を覚えていた。いつもは小食のキヨミズが、大量の葉っぱをモリモリと食べているのだ！

担当動物の旺盛《おうせい》な食欲を目にするだけで、飼育員は幸せな気分になれる。そのことを高木は、久しぶりに思い出したのだった。

＊

キヨミズに、お嫁さんが来ることが決まった――。

それはキリン担当になって丸三年を経た高木にとってはもちろん、京都市動物園の大ニュースだった。

相手は四歳で名前はミライという。沖縄の動物園で生まれ、今まで母親のもとで育ってきたキリンだ。

陸路でもそうだが、大型動物にとって海を越える移動はさらに大変だ。専用の鉄製の移動箱は幅約二メートル、奥行き三・六メートル、そして高さは二・七メートルほど。沖縄から船便で出発したミライは、神戸港を経てようやく京都に到着した。

一般に神経質で怖がりといわれるキリンにとっては、その旅だけでも過酷だ。どのように迎えて、ケアしたらいいのか。担当者としては緊張が高まる。だが同時に、ようやくキヨミズの単独飼育が終わると考えると、高木はホッとした気持ちになるのだった。

キリンは群れで生きる動物だ。だから一歳半で埼玉県の動物園からやってきて以来、単独飼育を続けてきたことは、キリン本来の習性を無視してきたといってもいい。

それが問題だということは、多くの関係者が認識していたことだ。しかし稀少動物だけに、他園との交渉をすすめるのは簡単ではない。さらに輸送費を含めた金銭的な問題も重くのしかかる。ミライがこの動物園にやってくることが決まったのも、地元の京都岡崎白川《おかざきしらかわ》ライオンズクラブの寄贈というサポートあってのことだった。

二〇〇五年十月下旬、ミライの収容された移動箱がキリン専用の運動場に運びこまれた。「少し怖がり」という性格は、沖縄の動物園の担当者から聞いたものだ。

「しばらく、出てこないかもしれませんね」

「少しずつ慣れてもらうしかないでしょう」

「なにしろ、キリンですから」

高木をはじめとする担当飼育員、園内関係者がその様子を見守りながら、とにかく焦らずいこうと確認しあった。

だが移動箱の扉が開けられると、ほどなくミライは前肢を地面へと踏み出した。長い首をわずかに前後させながら、一歩、また一歩と進む。オドオドとした様子はほとんどない。

「あら皆さん、ごきげんよう」

まるでそう言っているかのような堂々とした態度に、高木は思わず笑ってしまった。

ミライは優雅に歩き続けた。運動場の一角に立つキヨミズの存在に気づいても、足取りはほとんど変わらない。そのまま近づいて、そして少し様子をうかがうようにゆっくりと鼻先をキヨミズの顔へと近づけた。鼻先を触れあわせた二頭の鼻の穴が、わずかにフムフムと開いては閉じた。互いのにおいを確認しあうのは、キリンの基本的な挨拶だ。

「おおっ」「あらー」「ほぉぉ」

集まったスタッフは、フンワリとしたムードの二頭の様子にすっかり見とれてしまったのだった。


キヨミズは、とにかく人間に馴れている。飼育員や獣医、事務系職員、そして来園者など、誰が動物舎のそばに来ても緊張することはない。そして、ミライにもまた穏やかに接していた。そんなパートナーの様子に安心したのだろう、ミライも少しだけ躊躇はするものの、高木が食べ物を差し出せばみずから首を伸ばしてくるようになった。

なにより高木が感心したのは、とにかくよく歩いて、食べて、消化も排泄も完璧《かんぺき》というミライの健康優良ぶりだった。体重は、五百三十キログラム。四歳の雌として申し分のない体格だ。毎食タップリと準備するエサは、気持ちがいいほどすみやかになくなっていく。すばらしい食べっぷりだ。

そんなミライとエサ台をはさんで向かい合うように食事をしていたキヨミズも、やがてつられるように食が太くなってきたのには、高木も驚いた。新鮮な飼料が定期的に納入されるようになってからは、体重も順調に増えてきた。

ミライがやってきて、キヨミズはあきらかに変わった。前任者から引き続き、高木は単独飼育のハンディを少しでも補えればといつも心を砕いてきたつもりだった。

だが人間の能力には所詮《しょせん》、限界がある。やはりキリンのケアは、キリンにしかできないのだ。

＊

二頭のキリンを世話した最初の冬は、ここ数年のなかでも特別に寒かった。本格的な積雪もあり、沖縄で生まれ育ったミライの体調が心配なこともあったが、ようやく日差しが暖かになる頃、高木のなかに少しだけ余裕がうまれてきた。

担当飼育員になって三年半。その時々で最善の判断をしてきたつもりだったが、客観的に自分の仕事を見る余裕はほとんどなかった。

そしてあらためて振り返ってみたとき、高木のなかでひとつの想《おも》いが急激に大きくなった。

キヨミズは、そしてミライは、私に世話されて幸せなのだろうか？

なにしろキリンは、リアクションの少ない動物だ。ここで暮らしていて嬉しいこともあるかもしれないが、それと同じくらい、あるいはそれ以上に嫌なこと、不満なこともあるはずだ。だが彼らはたいてい、声ひとつあげずにその場にたたずんでいる。

もしかしたら嬉しいことなど、ひとつもなかったのではないか。すべては自己満足なのではないか——。

そう考えだしたら、急激に不安になった。

そんな春のある夕方、高木は運動場を掃除していた。閉園時間まであと三十分ほどで、キヨミズとミライはすでに動物舎のなかに収容していた。

「お姉さん」

顔を上げると、動物舎の見学通路からひとりの少女が出てきたところだった。学年は小学校三、四年生くらい。保護者の姿が見えないが、園内のどこかにいるのだろうか。動物舎の出入り口はひとつだけなのに、掃除に没頭していたせいか、少女が入ったことにまったく気づかなかった。

「なあに？」

高木は、来園者と個別に言葉を交わす時間を大切にしていた。「あのキリンは何歳？」

「どんな食べものが好きなの？」「寒くて平気なの？」「二頭がけんかすることはある？」

キヨミズとミライに興味を持って質問してくれること、そういう人たちと話ができることが嬉しかった。

だがフェンス越しの少女の口から出たのは、予想外の言葉だった。

「キリンさんがね、お姉さんのこと、だーい好きって言ってたよ！」

「え？」

走り去る後ろ姿に、高木は声をかけることもできなかった。

気づくと、涙がこぼれていた。

動物を相手に望むことではない。理性ではじゅうぶんわかっていたが、それでも不安を抱えた今、これほど聞きたかった言葉はなかった。

それにしても、あまりに一瞬のことで現実感が乏しい。あの少女は何者だったのか？なぜ、あんなことを言ったのだろう？

もしかして、キヨミズが姿を変えて気持ちを伝えに来たのだろうか……。

あらぬ妄想を即座に否定しながら、それでも高木は、ここしばらく胸につかえていた重苦しいものがサラサラと押し流されていくのを感じていた。同時に、キヨミズとミライへの強く温かな想いが、みるみる大きくなっていくのだった。

その2
カイテキ増加作戦

高木が手にした電動ドリルからは、断続的に高いモーター音が響いていた。

動物舎のわきの作業場に積み上げられた枝は、フサフサとした緑の葉をつけている。それらに埋もれるようにコンクリートのフロアに膝《ひざ》をつき続けて、もう三十分以上がたっている。

枝の長さは一・五メートルほど。直径一、二センチの根元にドリルで穴をあけ、二十本前後を針金で束ねる作業は、見た目以上に体力と集中力が必要だ。京都の夏は厳しい。日陰とはいえ、朝から気温は軽く三十度を超えている。額から噴き出す汗を首にかけたタオルでぬぐいながら、高木は束になった葉付きの枝の山に目をやった。

「これだけあっても、キリンたちが食べると一瞬で終わっちゃうのよね」

一緒に作業をしている同僚と苦笑いをしながら、気合いを入れるように新しい枝を手元に引きよせた。

食事内容をキリン本来のものにして、もっと健康になってほしい——。

その思いから二年以上かけて方々に理解を求め、ようやく新鮮な葉付きの枝が手に入るようになって数か月。おかげでキヨミズは以前よりも体調が安定しているし、パートナーのミライはますます健康優良ぶりに磨きがかかっている。

これらをきちんと食べてもらうためには、キリンが首と舌を伸ばせる高い位置に枝を固定する必要がある。

最初は、運動場のフェンスなどに枝を差し挟むようにした。しかしきちんと固定していないから、食べ進むうちに細い枝は地面に落ちてしまう。それらにも青々とした美味しそうな葉がついているので食べようとすることもあるが、体形の関係から拾うのは難儀なのだろう、たいてい無視されてしまうのだ。

いろいろと工夫を重ねた結果、一本一本を針金で束ねる方法にようやく落ち着いた。やがてこの事情を耳にしたクローバーリーフの西窪の協力で、束ねやすい形状の枝が搬入されるようになり、かなり作業が楽になった。これならせっかくの新鮮な緑の葉が、無駄になってしまうこともない。

キヨミズとミライは、食事を終えたあともしばらく丸はだかになった枝を嘗《な》めている。口先で樹皮をむいてみたり、枝で頭を掻《か》いていることもあって、どうやら食べ物以外の用途も気に入っている様子だった。葉付きの枝は、二頭にとって栄養価の高いご馳走《ちそう》であると同時に、ストレス発散の道具にもなっていた。

動物園で飼育されている動物のなかには、常同行動を見せるものがいる。これは同じ場所を行き来する、円を描くように歩きまわる、首を振り続けるなど、意味のない行動を延々とくりかえす、自然環境で生活する動物には見られない行為だ。原因は、限られた飼育スペースのなかで、その動物本来の行動欲求が満たされないためだといわれている。

なかでもキリンは、常同行動が出やすい動物として動物園関係者のあいだで知られている。たとえば展示場の柵などをひたすら嘗め続けるといった行為は、全国的にけっしてめずらしいことではない。

キヨミズも、こうした行動をすることがあった。

「あのキリン、どうしてずっと柵を嘗めているんですか？」

来園者からこうした質問をされるたび、高木は担当飼育員として身が縮むような思いになる。原因は欲求不満やストレス。その事実を伝えれば、たいていの人はこう感じるだろう。

動物園で暮らす動物って、なんだかかわいそう……。

野生動物は、自然のなかで暮らすべきという考えには、もちろん高木も同意している。しかし、今、ここにいるのは動物園で生まれ、飼育下で育った個体なのだ。彼らが自然に放たれる可能性はゼロであり、人の手がなければ生きのびることはできない。動物園は〝野生動物と会える場所〟といわれるが、正確にはキヨミズとミライは動物園で生まれ育った生粋《きっすい》の〝動物園動物〟なのだ。

　高木は、そんな彼らのストレスをできるだけ軽減して、毎日を快適で豊かに過ごせる方法について模索していた。それは環境エンリッチメント、つまりキリン本来の行動欲求を満たす工夫をして生活の質を向上させるための取り組みだ。

　草食動物はカロリーの低い食事を大量に摂取しなければならないため、一日の多くの時間を食べることに使う。大型動物ならばなおさらで、野生のキリンは一日に十八時間を食事に費やしているという説もある。

　だが動物園という環境で、それを完全に満たすことは難しい。ペレットや小さくカットしたリンゴ、根菜類など従来の食事では、食べるのにそれほど時間はかからない。かといって大きいかたまりでも都合が悪い。キリンの上顎には前歯がなく、歯板《しばん》という固い歯茎が歯のかわりになっている。そのためガリガリともの を齧《かじ》ることは得意ではなく、そしてキリンのひとくちは大型動物にしては驚くほど小さいのだ。

　高木は、動物舎内で与える朝と夕方の食事のほかに、午前と午後も針金で束ねた葉付きの枝を運動場内の数か所につるす。電動ドリル片手の作業は、時間的にも体力的にも楽ではないが、すかさず寄ってくる二頭の様子を見ると飼育員としてはやはり嬉しい。

　こうして葉付きの枝を常食するようになってから、やがてキヨミズやミライが柵を嘗めることは格段に少なくなったのだ。

＊

食事が終わりひと心地つくと、キヨミズとミライは運動場内を歩く。

リラックスしたムードを身にまといつつ、スリップの原因になりそうな砂利や土のかたまりを避け、フェンス越しに伸びる木の枝をかわしながら、二頭は四肢を動かす。

そして、ごく稀にだが走ることもある。広くはない運動場なので、さほどの加速はできないが「今日は天気が良くて、気分がいいなぁ！」という声が聞こえてきそうだ。

動物園によっては、事故の可能性を心配してキリンの走行そのものに神経を尖らせるところもある。キリンは動物園で飼育される動物のなかでも、特に怖がりな動物といわれていて、一度パニックをおこすとまわりを見る余裕がなくなり事故につながる可能性が高いというのが、動物園業界で一般的に認識されていることだ。

なぜこれほど神経質なイメージが定着してしまったのか、キリンが走る姿を目にするたびに、高木は考えずにいられない。もしやこれは人間が腫《は》れ物に触るように接することで、キリンの怖がりで神経質な部分が一層強調されてしまった結果なのではないか？そう感じることも少なくなかった。

その一方で、彼らの行動を見るたびに別の想いにもかられる。それは、キリンという動物はなんと不自由な体とともに生きているのだろう、ということだ。

なにしろ、あの長い首。人間や犬、馬など、ほかの哺乳類《ほにゅうるい》と同じように、たった七つの頸骨《けいこつ》で構成されているというから、まったく驚いてしまう。

キリンが自然に首を伸ばしたときの姿勢は、頭のてっぺんから首のつけ根、さらに背骨のなかほどへ真っ直ぐにつながり、その角度は地面に対してほぼ斜め四十五度になっている。それをささえる負担は、いったいどれだけのものなのか。見るからにバランスをとるのが大変そうで、実際キリンの首は、必要に迫られるように高度に発達した筋肉でささえられているのだ。

さらに高木は、あの長い四肢にも不自由さを感じてしまう。体の前方上空へ飛び出すように伸びる首をささえながら歩くためなのだろう、長い肢のわりに一歩は小さい。走るときにも長すぎる肢は、加速性の点であきらかに不利だ。

なにより大変なのは、足元へのアプローチだろう。野生のキリンが、長い前肢を少しずつ左右にずらして開脚の姿勢を保ったまま首を下ろして泉で水を飲むシーンなどを見ると、なんと難儀なことなのかと思わないではいられない。

だから座るときは、大仕事といってもいい。

まず長い前肢をガクリと折る。その瞬間、首の重さで体全体が斜め下へと振られ、反動で腰が持ち上がる。そのタイミングに合わせるように後ろ肢を折り曲げ、首を後ろに振り戻すとようやく下半身が着地する。座ってしまえば楽なのだろうが、一連の動作にはとても時間がかかる。野生のキリンがほとんど座らないというのも、これを見ると深く納得できるのだ。

そして高木が、もっともキリンを不憫《ふびん》に感じることがある。それは自分で体が掻けないことで、これこそ長い首と四肢を持つがための不自由と、言わざるを得ない。

背中や胸元、首、額などが痒《かゆ》いときや不快なとき、キヨミズやミライは木の枝に体をこすりつけている。だが体重七百キログラム近い彼らが、利用できる道具は乏しい。食用に与えている枝では、貧弱すぎてほとんど用をなさない。太くて丈夫な木を設置しても、大型動物が体重をかければ数日ももたない。鉄柵は安全のために徹底して突起物が排除されているので、あきらかに物足りない。

ある日、動物舎のなかで作業をしていたら、ミライが馬栓棒越しにこちらを覗《のぞ》いているのに気がついた。

高木が手にしているのは二メートルほどのカーボン製の釣り竿《ざお》で、個人的に〝鳩追《はとお》い棒〟と呼んでいた。鳩が天井の梁《はり》などに巣をつくってしまうと、排泄物でキリンたちの寝室が汚染されてしまう。完全にとはいかないが、なんとか退場してもらおうと奮闘しているところだった。

キリンは、長い棒状のものを警戒することがある。だが高木が鳩追い棒をふりまわしていても、キヨミズとミライはさほど気にしている様子はなかった。

見るとミライの背中の一部が、わずかに毛羽立ったようになっている。短毛なのであまり目立たないが、キリンは春から夏の終わりまでが換毛シーズンで、今まさにその真っ只中《ただなか》なのだ。

「ミーちゃん、ここ痒い？」

高木は鳩追い棒をしっかりと握り直し、カリカリとミライの背中を掻いてあげた。

気持ちがいいのだろう、ミライはそのままの姿勢でジーッと立っている。棒を動かすたびに、細かい毛が頭上から舞い上がるように落ちてくる。それらを直接吸い込まないように注意しながら、高木はしばらくミライの体を掻き続けた。

これ以来、鳩追い棒は、ミライのお気に入りになった。

高木がこれを手にしているとき、気が向くとやってくる。運動場のかなり離れたところにいても、必要とあれば目ざとく見つけて近づいてくる。カリカリと掻いてあげると本当に気持ちよさそうで、なんだか人間が使う孫の手みたいだ。

一方、キヨミズのお気に入りは木の枝だった。体をゴリゴリとこすりつけていると快適そうだが、しばらくすると折れてしまう。

もっと長持ちするものがあればいいのに……。

そう思ったとき、高木のなかであるアイデアがひらめいた。

「事故がおきたら、どうするつもりだ？」

ある程度の予想はしていたが、やはり園内には反対の声があがった。

キリンたちがいつでも体が掻けるよう、運動場に鉄の棒を設置する――。

これは、高木が新たに考えた環境エンリッチメントだった。たしかに指摘されるとおり、一般的なキリンにとっては少々無理がある取り組みなのかもしれない。だがキヨミズとミライは、人に馴れていて、音や道具に必要以上の警戒心を示すことがない。パニックに陥りにくい、大らかなキリンとしてここで暮らしている。だからこそ、導入しても問題ないと考えたのだ。

「うちのキリンたちは、ちょっと違う」

これは高木だけでなく、上司やほかの職員も親しみと尊敬を交えてよく口にしていることだ。

それでもキリンの施設の内部に突起物をつけるという、この業界でタブーとされていることを耳にすれば、条件反射的に反対したくなるのもしかたがないことなのかもしれない。

だが高木は、けっして突飛なことを言っているつもりはなかった。いつでも自由に体

*

を掻ける道具は、あきらかにキヨミズとミライの毎日を快適にするものなのだ。

「鉄の棒は、彼らが怪我《けが》をしないものを考えます」

動物を相手にして、百パーセント安全と言いきることはできない。だが高木には、彼らの毎日を今よりずっと快適にできるという確信があった。キヨミズとミライなら、きっと大丈夫。これはキリン担当として毎日、二頭と少しずつ距離を縮め、信頼関係を築いてきたなかで得た感覚だった。

あまりに揺るがない高木に、ようやく試験的にということで新しいアイテムの導入が認められた。

高木をサポートしたのは、管理部で鉄工・木工を担当する職員だった。素材やデザイン、強度などを変えて試作品をつくり、それを実際に二頭に使ってもらうのだ。こうしてできたのは、湾曲を加えた鉄の棒の先端に丸いカバーをつけたものだった。柵に設置する方法も工夫して、適度な弾力性を加えることができた。これなら痒いポイントをきちんと掻くことができて、もし急激に体重がかかるようなことがあっても体を深く傷つける心配もない。

キリンの施設に新しく登場したアイテムは、マゴノテイと名付けられた。人間用のものが〝孫の手〟だから、偶蹄目のキリン用は〝孫の蹄〟だ。

運動場の柵に沿って、胸や背中、後頭部などいろいろな場所が掻けるように、違う高さに複数設置した。さらにマゴノテイ・ミニもつくり、動物舎のなかにもつけた。

さっそく使ったのは、キヨミズだった。棒に胸元をすりつけたり、首を下げて頭の後ろをゴリゴリとこすっている。実に気持ちが良さそうだ。

動物というのは、人間とはまったく違った感覚や世界観のなかで生きている。たとえ良かれと思って手をさしのべても、彼らにとってはまったく魅力的ではなかったり、むしろ迷惑ということさえある。

なかでも道具を与えるというのは、結果がわかりやすい。彼らが、人間のアイデアをそのまま受け入れてくれることは、実はそれほど多くはない。苦労して準備したのに、呆気《あっけ》なく無視されてしまうこともあるのだ。それだけにキヨミズが、高木が考案したマゴノテイをそのままマゴノテイとして使ってくれているというのは感動的だった。

一方で、ミライの反応は、少し違っていた。マゴノテイに体をググーッと押しつけるようにする。キリンにもツボのようなものがあるのだろうか、指圧マッサージを連想させる使い方だ。

そしてミライは、あいかわらず鳩追い棒も好きだった。高木が鳩たちに退場をうながすことに躍起になっていると、近寄ってくる。

ここ、痒いの。

そういわんばかりに、頭を下げてくることさえある。

首の後ろをカリカリとしてあげると、ミライは半目になってウットリとしている。

「気持ちいいね、ミーちゃん」

マゴノテイを使えば、いつでも好きなときに掻けるのに……。そう思うものの、これはこれでなんだか嬉しい。

舞い上がる細かい抜け毛を浴びながら、高木は飼育員としての至福の時間をかみしめるのだった。

*

最近、キヨミズの様子がおかしい……。

高木がそう思ったのは、二〇〇六年の春先のことだった。

キヨミズは高木の姿を見ると、いつも寄ってくる。そして撫《な》でられるのを待っているのだろうか、高木の手が届くように馬栓棒やフェンスのわきギリギリに立つのだ。この夏には七歳の誕生日を迎える予定で、もう立派な大人のはず。それなのにいつまでも甘えん坊で、でもそんなホンワカとしたキャラクターが担当飼育員としてはかわいくてたまらない。

ほかの動物園の担当者に訊くと、キリンの成獣の雄のなかにはかなり荒っぽいタイプもいるという。仲間のキリンに体ごとぶつかったり、しならせた首を相手に当てるネッキングと呼ばれる行為で威嚇《いかく》することもある。万が一の事故を回避するため、子どものキリンと離して飼育するケースはめずらしくはないという。

野生で生き残るためには、猛々《たけだけ》しい性質も必要だろう。だがここは動物園だ。キヨミズの優しくフレンドリーな性格は、大きな長所のひとつといってもいい。おかげでパートナーのミライもすぐにこの動物園に馴染み、のびのびとリラックスして暮らすことができている。そんなキヨミズを高木は、愛情と尊敬の念をこめて〝草食動物のなかの草食男子〟と呼んでいた。

だがその日のキヨミズは、いつもと違っていた。

「フーッ!!」

近づくと突然、威嚇音をあげたのだ。

かなりイライラしている様子で、キヨミズは前肢を何度も宙に浮かせている。なにしろ高さ四メートル以上、体重七百キログラムに近い体格だ。振り上げられた蹄にわずかでも当たったら、打撲や骨折は免れない。

あまりに予想外のことに、高木はショックで声が出なかった。

キヨミズに、あの穏やかで優しいキヨミズに、いったい何がおこったというのだろう?!

あらためて観察してみると、いつもと違う行動をとっていることがわかってきた。キヨミズが、頻繁にミライのお尻のにおいをチェックしているのだ。

キリンの雌が子どもを産めるようになるのは、個体によって三歳から五歳といわれている。だが四歳で来園したミライは、発情の兆候がないままもうすぐ五歳の誕生日を迎えようとしていた。

とはいえキヨミズの行動は、あきらかに成獣の雄のものだった。キリンの雄は、雌の体の変化に誘発されて発情する。人間の目からは確認できないが、どうやらミライの成熟をキャッチしているようだ。

キヨミズのイライラの原因がわかって、高木はようやく気持ちが落ち着いてきた。威嚇されたときはかなり動揺してしまったが、これは喜ぶべきことなのだ。寂しがり屋で甘えん坊の男の子が、気づけば次の世代をつなぐ準備をするほど成長したのだから。

そして、三月。ミライは五歳の誕生日の翌日、初めての発情を迎えた。

キリンの雌は約二週間ごとに発情する。もしそのときに妊娠しなければ、二週間後に再び発情が見られる。それがないときは、おめでたの兆候だ。

受精可能な期間は発情から約二十四時間。夜間は安全のために各自が寝室で過ごすため、交尾のチャンスは運動場に出ている日中の八時間程度になる。こうして時間が限られているうえに若いカップルのこと、なかなか体勢が安定しない。

「下手《へた》くそやなぁ」「もっと真剣にやれー」

ときおり男性の来園者のあいだで、失笑がおこることもある。

もどかしさや気恥ずかしさからくる軽い冗談というのは、もちろん高木にもわかる。

そして生殖行為においてもまた、キリン独特の体形が事態を難しくしている事情もある。

だがこうした言葉を耳にすると、やはり担当飼育員として心中穏やかではいられない。

なにしろ二頭にとっては、生まれて初めての体験なのだ。スイスイと物事がすすむわけがない。未熟さを揶揄《やゆ》したり面白がったりするのではなく、もっと温かい目で見てほしい！　と高木は思うのだった。

＊

ミライの発情が見られなくなったのは、新緑の季節が過ぎようとするときのこと。ここ京都市動物園では、数日ごとに採取した糞のホルモン検査から、最終的に妊娠確定を判断することになっていた。そして二〇〇六年十月、獣医師の言葉を耳にしたとき、高木は嬉しくて飛び上がりそうになった。

「ほぼ、間違いないと思います」

期待をしながらも冷静に、これまで獣医師による経過観察と妊娠判定が段階を追っておこなわれ、ようやく九十九パーセントお腹に赤ちゃんがいることが確定したのだ。

ここ京都市動物園にミライがやってきて丸一年。高木をはじめ同僚の飼育員、動物園全体にとって、待ちに待ったニュースだった。

担当飼育員になったばかりのとき、キヨミズはまだあきらかに子どもだった。胃腸が弱く、特に冬になるとすぐにお腹をこわす。体重もなかなか増えず、心配ばかりさせられていた。そんなキヨミズがとうとうお父さんに、そしてミライがお母さんになるのだ！

そう考えたら喜びもつかの間、高木は大きな緊張に包まれた。

キリンの妊娠期間は約十五か月。約二十か月というゾウに次いで、妊娠期間が長い動物だ。出産予定日は翌年の七月だという。これから寒い京都の冬がやってきて、それを越えて春から梅雨《つゆ》、さらに厳しい夏を迎えることになる。先は長く、季節とともに気温の変化も激しい。そのなかで身重のキリンの体調管理をしていかなければならない。

心配だ。

しかし、いったい何を心配したらいいのか。初めてのことばかりで、高木にはこの先のことがほとんど想像できない。まるでキリン担当になった日に逆戻りした、そんな気分だった。

だが高木の動揺をよそに、ミライは驚くほど何ごともなく日々を過ごしていた。よく食べて、排泄も正常で、運動場に出すとよく歩く。なんだかいつも気分が良さそうで、そして高木が鳩追い棒を手にすると、嬉しそうに近づいてくるのだった。

十二月に入りかなり気温が下がってきても、まったく平然としている。ミライは沖縄で生まれ育ちながら夏は苦手で、逆に寒さには強い。年末が近づくとグングン気温は下がり、年が明けると底冷えはさらに厳しくなった。

朝から曇天のこの日は、ときおり雪がちらつくほどの寒さだ。それでもミライは運動場でしばらく歩いたあと、地面にペタリと座りこんだ。座ったり立ったりするとき、ほかの動物よりはるかに時間がかかるキリンは、緊張しているときに絶対にこうしたことはしない。これはミライが、心の底からリラックスしている証拠だ。

後ろ肢の片方を折り曲げて腰の下に入れてもう片方は緩く伸ばす、いわゆる横座りが、キリンのスタンダードなお座りスタイルだ。まだあまり目立たないが、高木の目には少しだけお腹が大きくなっているのがわかる。冷たく湿った地面に座ったりして、赤ちゃんは大丈夫なのかと思うと気が気ではない。だがミライは舞い降りる雪のなかで、なんだかとても気分が良さそうだ。

心配することなんか、何もないわよ。

まるでそう言っているように、大らかかを通りこして暢気《のんき》なムードがただよっている。

一方、キヨミズは暑いのは得意だが、冬は苦手なタイプ。

風が冷たい季節になると、よくブルブルと震えている。運動場に出すとすぐに日向《ひなた》を目指し、あとは太陽の角度とともに動いているといってもいい。だから天気の悪い日はかなり辛そうだ。そんなときはキヨミズだけ早めに動物舎に収容するようにしている。

室内には暖房が入っていて、十度以下にならないようにしている。人間の感覚からすると低めだが、外気との差があまりに大きくても負担がかかってしまうため、こうした設定になっているのだ。だが動物舎にはファンが設置されておらず、暖かい空気は上にいくばかりで足元は寒いままだ。年季が入った建物なので、扉をきちんと閉めてもあちこちからすきま風が入ってくる。それでいて換気は悪く、地面に敷いたワラから舞い上がった埃《ほこり》が、常に宙を舞っている。

だから一晩すると、キヨミズとミライの長いまつげには、びっしりと埃が付着する。かつて担当していた家畜動物なら指先でぬぐってあげるところだが、キリンが相手ではそれもできない。やがて埃と涙が一緒になって、キヨミズとミライのまつげは、まるで上手につけられなかったマスカラがそのまま乾いてしまったような状態になってしまうのだ。

もっと、快適な動物舎がほしい！

愛らしい二頭の顔が台無しになっているのを見るたびに、高木は残念でならないのだった。

＊

正面から見ると、腹部が下だけでなく横にも張り出しているのがはっきりとわかる。

お腹の重みが分散されて少しは楽になるのだろう、ミライは運動場などで立っているとき、後ろ肢を前後に軽く開いて立っていることが多くなった。

二〇〇七年六月下旬におこなった、体重測定の記録は七百八十キログラム。妊娠前とくらべると百キロ近い増量だ。胎児が八十キロ、羊水が二十キロという目安から、獣医師は「順調」だという。もうすぐ妊娠十五か月目に入る。こうなったらいつ生まれてもおかしくない。

高木は、本格的な出産準備を始めた。

寝室の掃除では、入れている敷きワラの汚れた部分だけ取り除き、毎日使う量を継ぎ足していく。こうすることでコンクリートの床全体が、フワフワのクッションフロアになる。さらに畳を搬入して、壁に沿ってたてかけていく。これは生まれた赤ちゃんが立ち上がろうとするときに、よろけて壁に頭をぶつけたりしないための安全策だ。

万が一のときの準備として、ウシの初乳も取り寄せて冷凍した。もしミライが子育てをしない、母乳が出ない、赤ちゃんが自力で立ち上がれないといったことがあれば、人間の手で育てなければならない。使うことがないよう祈りながら、キリンが使用できる哺乳瓶と乳首も準備した。

そして記録用のカメラも二台設置。動物園で飼育されている動物は、未明に出産することが多い。暗くても撮影できるよう赤外線ライトもとりつけた。

とにかく人間側ができる準備は、すべてやった。

実際に出産が始まってしまえば、こちらにできることは基本的には何もない。もしも人間が手をさしのべるようなこと、たとえば途中で分娩《ぶんべん》が止まってしまい体重八十キロほどもある赤ちゃんを引き出すようなことになれば、それこそ緊急事態だ。それだけはないように、とにかく願うしかない。

あとできることは、自分の心の準備か……。そう思う高木だったが、来《きた》るべき日を思うと何をしていても落ち着かないのだった。

*

ミライの妊娠・出産と赤ん坊の誕生を迎えるにあたり、高木には以前から考えていたことがあった。それはこの貴重な機会をできるだけ多くの人と共有するということだ。だが二〇〇七年当時の動物園業界で、妊娠や出産の話題がリアルタイムで発表されることは少なかった。

どんなに医療が発達しても、妊娠や出産に〝絶対〟はない。

だからこそ現場で働く者は、動物にとって最善の選択ができるように考え、行動する。だが実際には、こうしたリスクや不確定要素が外部に公表されることはほとんどない。たいていの動物園では、赤ちゃんの成長が順調と確認してから生まれたことを発表する。

こうしたやり方に、高木はずっと違和感を抱《いだ》いていた。妊娠と出産は、命の尊さや生命力のすばらしさにふれる絶好の機会だ。それを多くの人に提供するのは、動物園の役割のひとつなのではないだろうか。ましてミライは十五か月もの長いあいだ、胎内で赤ちゃんを育て誕生に備えている。それだけでも、じゅうぶん感動的だ。

ここ数年は〝京都市動物園のキリン〟ではなく、〝京都市動物園のキヨミズとミライ〟に会いに来てくれる人が増えている。なかには一度や二度ではなく、定期的に訪れる人も少なくない。リピーターやさらに熱心な〝キリンファン〟と呼ばれる人々もいる。

高木は、こうして日頃から若いカップルに心をよせてくれる人々と一緒に、彼らのことを見守りたいと思った。無事に赤ちゃんが生まれたらお祝いをしたいし、もし不幸があれば皆で悲しみたい。そうした場を多くの人々にオープンにすることは、動物園に求められていることなのではないだろうか。

こう考えるのは、高木がかつて担当したアカゲザルの飼育経験と深く関係していた。生まれてすぐに母親から育児放棄され、人工哺育で育ったゴンと呼ばれるサルがいた。順調に体重が増え、群れでの生活にも馴染んでようやくホッとしたところ、原因不明の病気を発症した。これは進行とともに、手足が変形していく病気だった。

多くの動物園でこうした個体は、バックヤードで飼育されるため、来園者の目にふれることはほとんどない。だがゴンは、群れの仲間との生活を気に入っていて、人間に見られることにストレスを感じるタイプではなかった。

彼は、ひとりバックヤードで暮らすことを望んではいない。

そう感じた高木は、攻撃などの心配がない高齢のアカゲザルが暮らす施設で飼育を継続する一方で、ゴンの詳しい身の上がわかる紙芝居形式のプレートをつくって来園者に公開した。

なぜ彼は、ほかのアカゲザルと違う姿をしているのか？

来園者にプロフィールが知られるようになると、しだいにゴンの病状を心配する声が高木の耳に届くようになり、リピーターがあらわれはじめた。頻繁に立ち寄り「ゴンちゃん、今日も会えたね」と話しかける人もいた。そして最期《さいご》をむかえたとき、高木のもとにはゴンの死を悼《いた》むメッセージがいくつもよせられたのだった。

そのとき高木が思ったのは、動物園の役割は健康な動物を見せることだけではないということだった。本当のことを包み隠さず説明すれば、来園者はわかってくれる。むしろそのほうが、動物たちに興味や愛情を持ってもらえるようになるのだ。

動物はケガもするし、病気もする。楽しいエピソードもたくさんあるけれど、悲しい出来事もある。それらを伝えることこそ、飼育員の仕事ではないのか。動物とふれる、動物を知るというのは、そういうことだと高木は考えたのだ。

ミライの妊娠や出産の発表について当初、園内では難色を示す空気もあった。だが高木の経験値と判断力、独特のセンス、そして前例にとらわれない仕事ぶりは、すでに組織のなかでも一目置かれつつあった。

その結果、ミライの妊娠から出産準備の過程が一般公表されたのだった。

＊

出産が始まったのは、七月二十八日の夕方六時頃だった。

最初に見えてきたのは、二本の前肢だ。母親の胎内や産道を傷つけないように、蹄には蹄餅《ていぺい》と呼ばれるカバーがついている。だが大変なのは、ここからだ。

ミライ、頑張れ……！

集まったスタッフは、心のなかで励ましの声をかけた。母親の気が散らないよう静かにするのは、動物の出産に立ち会うときの鉄則だ。今、人間ができるのは見守ることだけ。ここはなんとかミライと、生まれてくる赤ん坊に頑張ってもらうしかないのだ。

少しずつ口先が、やがて顔が見えてきた。そして首、さらに肩まで出たら、赤ん坊はスルリとワラの上に落下した。

時計を確認すると午後八時五十分だった。だがこれだけでは安心できない。生まれたばかりのキリンは、さっそく立ち上がる練習を始める。肢に力が入らずに何度も転がっていたが四十分ほどして、ついに小さくて柔らかそうな四つの蹄が、フロアに敷き詰められたワラをとらえた。よろめきながらもミライの乳首にたどりつくと、やがて赤ん坊はチュパチュパと豪快な音を立てて乳を飲み始めた。ミライもそれを当然という顔で受け入れている。

ここまでくれば安心だ。

「よかった……！」

高木が安堵《あんど》の声をわずかにもらした。見守っていた職員のあいだにも、喜びの空気が静かに広がっていった。

生まれたのは雄だった。食欲があり体格もしっかりとしていて、とても元気そうだ。これまで十五か月間、ミライはこの子をお腹のなかで守り続けてくれた。そのおかげで私たちは、こんなに愛らしくて立派なキリンの赤ちゃんと出会うことができたのだ。

そう思うと高木は、あらためて胸が熱くなった。

ミライ、ありがとう。そしてお疲れさま！

キヨミズ、ありがとう。そしておめでとう！

高木は、心のなかで何度も、何度も二頭のキリンに声をかけたのだった。

＊

翌日、キリン舎は、独特な熱気に包まれていた。〝キリンの赤ちゃん誕生と一般公開〟のニュースが、さっそく動物園の公式サイトから配信されたのだ。

この情報を聞きつけた来園者、なかでも誕生を待ちわびていた熱心なキリンのファンたちは色めきたった。誕生のニュースをリアルタイムで知ることができるだけでも異例なのに、生まれて二十四時間に満たないキリンが一般公開されるというのだ。こんなチャンスは、二度とないかもしれない。

発表は午前中。さっそく昼前くらいから人々が集まりだした。高木にとっても見覚えのある顔がいくつもある。これまでに何度もキリン舎を訪れ、ミライの体調を気遣い、子どもの誕生を心待ちにしてくれていた人たちだ。昼休みに職場を抜けて駆けつけてきたという、市内で働く人もいた。午後になると、さらに来園者が増えてきた。夕方近く「どうしても今日来たかったので、無理を言って早退してきた」と息をきらしながら飛びこんできたのは、神戸市内に勤務する男性だった。

「お母さんと赤ちゃんを驚かせないように、静かに見学してくださいね」

高木の誘導で、来園者たちは期待と喜び、そして少しだけ緊張が入り混じった空気をまといながらキリン舎の見学通路に足を踏み入れた。

そこで来園者を迎えてくれたのは、ワラが敷き詰められたフロアに四肢を折ってチョコンと座る小さなキリンだった。その愛らしい姿を見た者は、大きくて温かく、緩やかなため息をつかないではいられない。

こぼれ落ちそうな真っ黒な瞳は、キラキラと輝いている。左右に突き出た耳は、羽ばたけるのではないかと思うほど大きい。

「わぁ、角が、内側に折りたたまれている！」

さすがは熱心なキリンファン、目のつけどころが的確だ。

母親の胎内にいるあいだに生えたキリンの角は、生まれたときは中央部に向かって倒れた状態になっている。それが二日ほどすると、ピョコンと立ち上がるのだ。キリンファンのあいだでは有名な事実だが、この期間に新生児を一般公開する動物園はめったにない。この姿を目にできるのは、通常は現場で働く飼育員くらい。それだけにこの公開は、来園者にとってまたとないチャンスといってもよかった。

「かわいいな」

「実際に、見られる日がくるなんてねぇ」

「ミライとキヨミズのおかげやわ」

「頑張ったね。おめでとう！」

「これからが、楽しみやねぇ」

新しい命を愛《め》でながら、集まった人々はミライとキヨミズに感謝と祝福の言葉を贈った。動物に負担がかからない限り、生命の誕生を多くの人とわかちあえる場所にしたい。そう考えていた高木には、来園者の反応が嬉しかった。

新しく生まれたキリンは、リュウオウと名付けられた。

昔から京都市動物園では〝高く大きく育つように〟という願いをこめて、キリンたちに京都にある山の名前をつける伝統があった。今回の命名のもとになった竜王岳《りゅうおうだけ》は、左京区の鞍馬山《くらまやま》の近くにある山だ。いくつかの候補のなかから、二千二百八十人の投票の結果、第一位に輝いた名前だった。

今はまだ赤ちゃんだが、どことなく骨太で豪快にミルクを飲む姿から、たくましい立派な雄のキリンに成長してくれることを予感させる。

リュウオウ。このコにぴったりの名前だと、高木は思った。

*

京都市動物園が、新しく生まれ変わる――。

この計画が正式に発表されたのは、二〇〇九年のことだった。京都市動物園は、東京の上野動物園に次いで日本で二番目に古い歴史を持ち、開園は一九〇三年だ。長い時間のなかで市民に親しまれた場所だったが、現代的な動物園運営には不都合も多かった。

整備計画の話は、三十年ほど前から何度か浮上していたのだが、そのたびに資金などの問題から頓挫《とんざ》していた。それが今回ようやく〈共汗でつくる新「京都市動物園構想」〉が策定され、大規模な整備工事が進められることになったのだ。

「これでキリンたちに、快適な動物舎が与えられる！」

この計画を初めて耳にしたとき、高木が真っ先に考えたのはそのことだった。なにしろ今、使っているキリン舎は一九五三年完成の建物なのだ。これまで何度か補修工事はしているが、根本的に老朽化が進みすぎている。

新施設が完成すれば、効率の悪い暖房や〝真冬のワラ埃マスカラ〟など数々の不快から、キリンたちを解放してあげられる。

ちなみに当時の同園でもっとも古い施設はゾウ舎で、一九二三年の建築だ。次いで一九二七年のカバ舎、クマ舎は一九五〇年になる。快適で機能的な施設を望んでいたのは、いずれの飼育担当者も同じだった。

これまで京都市動物園は、動物単位で動物舎がレイアウトされていた。それが新しいプランでは、生息地域や環境、動物の分類をもとに動物舎をゾーンでまとめることになった。工事期間は七年間。そのあいだ閉園はせず、二〇一一年から毎年一、二ゾーンがリニューアルオープンするという方式で工事がすすめられる。つまり園内では長期にわたり、解体・建設工事、そして動物の引っ越しがパズルのように繰り返されることになるのだ。

まもなく園内で工事が始まった。

動物舎のまわりでは、複数のヘルメットの作業員や搬入車両、重機など、キリンたちにとって見慣れないものが頻繁に行き来する。広くはない敷地内に、時にはとんでもない騒音が鳴り響くこともある。

最初は心配で、高木は頻繁に様子を見に行った。人間でも工事現場の近くで生活していたらストレスがかかる。道理もわからず、心の準備もないまま日常生活が騒がしくなるのだから、さすがのキヨミズとミライもまいってしまうのではないか。

そう考えていた高木だったが、キリンたちは予想以上にいつもと同じペースを保っていた。キヨミズやミライにとっては、恐れるべきことなど何もない日常の延長ということなのか。ここまで肝が据わっているとは、なんともすごいことだ。

私はいつも、キリンたちに救われているなぁ。

ふと掃除の手を休めて、馬栓棒越しに運動場にいるキリンたちの姿を見るとき、高木はそう思うのだった。

二〇一二年の春、キリン舎の工事が始まった。

旧キリン舎があるのは園内の西の端。新しい施設はそこから東に十数メートル移動したところで、すぐ隣といってもいい場所だ。

やがて工事が進むと、新旧の施設のあいだに鉄柵でつくった通路が出現した。これは専用の引っ越し通路だ。キリンの引っ越しは、通常は輸送箱に入れておこなわれる。だが今回はかなりの至近距離なので、自力で歩いて移動する方法がとられることになった。

動物が相手なのだから、新しい場所への誘導はもちろん容易とはいえない。休園期間なしで進められる工事のため、引っ越しスケジュールもタイトだ。とはいえキヨミズとミライは、半年ごとの体重測定も難なくこなし、マゴノテイなど見知らぬ物に怯《おび》えることもない。人間が近づくと穏やかに心を許し、ときにはこちらの意図をくんで行動しているのではないかと思うことさえある。

「あの様子なら、心配ないでしょう」

「大らかに育ってくれていますからね」

「なんとかスケジュール通りにいけるでしょう」

「なにしろ、うちのキリンたちですから」

そう話しあいながらも引っ越しの日が近づくにつれ、高木をはじめ園内関係者のあいだには大丈夫という気持ちとともに、不安な気持ちもおしよせてくる。

引っ越し通路は、わずか七メートル。だがそれが、果てしなく遠い七メートルだと高木が気づくのは、もう少し後のことだった。

その3
キリンの家族が集う場所

その眼差《まなざ》しは、真剣だった。

長い首をグッと前に伸ばし、さらにその先を見つめたまま微動だにしない。

二〇一二年十月十三日。新しい施設の完成にともない、引っ越し作業が始まった。この日、キリンたちの目の前にあらわれたのは、新旧の施設をつなぐ通路。これまで彼らが暮らしていたエリアの一部から飛び出た細い道の先には、新しい運動場が広がり、その一角にはピカピカの動物舎が建つ。

いずれもこれまで工事用のパネルやシートで覆われていた場所で、キリンたちにとってまったく未知の世界だった。

通路の前に立ち尽くしているのは、三頭のキリンだ。

キヨミズとミライのカップルは、その後も順調に子どもに恵まれた。最初に生まれた雄のリュウオウ（竜王）に続き、二〇〇九年七月には雌のオトワ（音羽）が誕生。リュウオウは一歳十か月で千葉市動物公園に婿入り、オトワは一歳四か月で大阪府のみさき公園に嫁入りした。

その後、二〇一一年三月に雌のシウン（紫雲）が生まれ、この親子三頭が新しい施設への引っ越しを予定していた。

得体の知れないものに出会ったとき、キリンは首を前へと突き出すことが多い。母親のミライと娘のシウンは、揃って同じポーズをとっている。そのかたわらでキヨミズも、目の前にあらわれた細い通路をジッと見つめていた。だがいくら凝視しても、その正体は見えてこないのだろう。だからその視線は、いっそう真剣になる。

これ、なに……?!

高木は、キリンたちの戸惑いの声が聞こえてくるような気がした。

通路や運動場には、彼らの好きな葉付きの枝が設置してある。これからしばらく新旧の施設をオープンにして、自由に行き来ができるようにする。キリンたちのストレスを最小限におさえて自発的に引っ越しさせるというのが、高木をはじめ動物園スタッフが考えたプランだった。

それと併せて高木は、以前から取り入れていたターゲットトレーニングを今回の引っ越しに利用しようと思っていた。

ターゲットトレーニングとは、飼育員が差し出した棒（ターゲット）に動物が体の一部を触れると同時に〝ＯＫ〟のサインとしてクリッカーを鳴らし、それを印象づけるためにご褒美のエサを与えるというものだ。動物が自分から飼育員の指示に合わせて移動したり、体の一部を差し出したまま静止することができれば、ストレスをかけずに健康管理や治療が可能になる。トレーニングに強制的な要素はなく、むしろ単調になりがちな生活のなかでの楽しみ、良い刺激になっているともいわれている。そのため数年前から、複数の動物飼育現場でこの方法が導入されはじめていた。

キリンのトレーニングは、大阪府の天王寺《てんのうじ》動物園で二〇一〇年から実施されている。野生環境にくらべて歩行距離が限られてしまう動物園では、キリンもウマと同様に削蹄《さくてい》（伸びすぎた蹄をヤスリなどで削る作業）が必要になる。だが大型動物ゆえに実施はかなり難しい。適切なケアができず歩行困難になる例は少なくなく、これはキリンを担当するすべての飼育員にとって、大きな課題といってもよかった。

一般的なキリンにくらべると人馴れしているキヨミズは、好みのエサに集中させている間に削蹄をすることが可能だった。だがこの方法では、体の向きを変えてほしいなどの細かい意思を伝えることは難しい。高木はより徹底したケアができるようにこの方法を取り入れて、ターゲットが鼻先に触れたら、クリッカーをカチリと鳴らすと同時にエサを与える。こうしたトレーニングを毎日続けていたのだ。

さっそく通路のわきでターゲットをかざしてみると、キヨミズは躊躇しながらも前進してきた。しかし、通路の入り口付近から先には進めない。ほかの二頭も同じような反

応だった。

三頭にとって新しい施設は、こちらが考える以上に未知の領域に感じるらしい。とはいえ、引っ越し期限まで一か月半程度ある。小さい頃から人が大好きで細かいことにピリピリしないキヨミズ、大らかを通り越し暢気といっても差し支えないミライ、そんな両親のもとで好奇心いっぱいに育っているシウンの三頭なら、きっと乗り越えてくれるはず。

そう思っていた高木の期待に、まず応えたのはシウンだった。

さすがは一歳半の子ども。大人のキリンよりも順応性が高い。だが新しい運動場までは、どうしても到達できない。終点まであと少し。しかし、最後のところで足が動かなくなってしまうのだ。

勇気を持って、なんとか前に進んでほしい。そんな想いとともに高木は、キリンたちに声をかける。

「新しいお部屋は気持ちがいいよ。天井が高くて明るいよ」

ようやくシウンが新しい運動場に到着したとき、引っ越し開始から二週間近くがたっていた。だがキヨミズとミライは、いまだ通路の一部に足を踏み入れる程度にとどまっている。

キリンは、神経質で警戒心の強い動物だ。だから引っ越しのような大きな変化は、ひときわ大変なことなのだと認識しなければならない。そんな一般的なキリンの常識を前提にしたうえで、高木はキヨミズとミライに一種の絶大な信頼を置いていた。

うちのキリンたちなら、きっと大丈夫。

だがもしかすると、それは人間側の甘えだったのではないか……。そんな考えが、ふと高木のなかでわきあがる。

引っ越し作業中、キリン舎は展示休止になっている。つまり三頭が新しい施設に移らないかぎり、来園者はキヨミズやミライ、シウンと会うことができないのだ。工事のスケジュールもタイトで、旧動物舎が空になり次第つぎの工程に入ることになっている。

高木のなかで、少しずつ焦りが募りはじめていた。

＊

シウンが新しい運動場に入っても、ミライは我が子の行動についてほとんど心配している様子がなかった。まったくの未知の領域とはいえ、普段と同じようにミライは子どもの姿が見えなくなっても平然としている。一方、子どものキリンは、母親が見えなくなるとたいてい動揺する。だからシウンは、新しい運動場に入ってもいつも旧施設にいる母親の存在を気にしていた。

雄のキリンは一般的には子育てにはノータッチといわれていて、なかには子どもに攻撃する個体もある。だがキヨミズは、かつて二頭の子どもにしたのと同じように、シウンにも優しく接していた。とはいえシウンの〝新エリア到着〟は、二頭の大人にとってほとんど影響なしといってもよかった。

キヨミズとミライは、それぞれ「ここ」という一線の前で立ち止まる。大きな危険がないことはわかっているのだろうが、どうしても先へと進めないようだ。ターゲットトレーニングで促しても、まったく動けない。そんな状況が何日も続いていた。

だがその日、高木が差し出したターゲットに近づくキヨミズの足取りには、何の迷いも感じられなかった。

「キヨが、入った……！」

高木は、突然のことで呆気《あっけ》にとられてしまった。

新しい運動場を眺めるようにスタスタと歩いて一周すると、フェンス沿いに設置した枝に近づき、葉っぱをむしゃむしゃと食べはじめた。

あまりに平然としたキヨミズの態度に、高木は、喜ぶより前に拍子ぬけしてしまった。これまで何日も彼の行動を阻んできた〝何か〟が、今日になって氷解したということなのか。おそらくこれまで、キヨミズのなかでは多くの葛藤《かっとう》があったはず。その〝何か〟が少しでも緩和するように、高木は枝葉の種類を変えたり、設置する場所や数を工夫するなど考えつくかぎりのことをやってきた。

しかし、のんびりと葉を食《は》んでいるキヨミズを見ていると、それらがどれだけ影響したのか、もはやわからない。

キリンの気持ちを理解するのは、本当に難しい！

高木は、あらためて思ったのだった。

＊

残るはミライ一頭だ。

ようやく通路内を進めるようになったが、どうしても新しい運動場への一歩が出ない。日によっては、通路出口のかなり手前でストップしたままということもある。

カレンダーはとっくに十一月に替わり、タイムリミットが迫っていた。

キリンの引っ越しは、通常は輸送箱を使っておこなわれる。しかし、今からこの方法に切り替えるのは難しい。

沖縄の動物園から京都まで、一度は輸送箱で旅をした経験のあるミライだが、それはすでに七年も前のことだ。再び輸送箱に入るためには、慣れる期間が必要だ。通常は、引っ越し予定日の数週間前から運動場内に輸送箱を運びこみ、内部に葉付きの枝などをつるす。自ら出入りをくりかえすことで、箱のなかでもパニックにならずに過ごすことができるようになるのだ。

かといって麻酔を使うこともできない。大型草食動物の麻酔下の移動例はほとんどなく、それらを差し引いても使用は論外だった。このときミライのお腹には、四番目の赤ちゃんがいたのだ。出産予定は二〇一三年五月末頃。今回の引っ越しは、お腹の子をふくめた親子四頭のキリンが新しい施設に移動するというものなのだ。ミライの心身の安全のためにも、できるだけ無理はさせたくない。

そう考えて、ここまできた。人間側ができるかぎりの調整はすべておこない、引っ越し期間も確保してきた。あと一週間、あと五日すれば、自分で通路を越えられるのではないか。そう願いながら、ミライの行動を見守り続けてきた。なにしろ、その距離はたった七メートルなのだ。しかし、どうやらミライにとって、それはとてつもなく長い七メートルだったようだ。

担当飼育員として、高木は決断を迫られていた。本当は、やりたくない。でもほかに選択肢はない。

追い込み――。

それは多くの危険を伴う、しかし、唯一可能な方法だった。

＊

翌朝から高木は、ヘルメットをかぶって飼育作業をした。

ミライの引っ越し作業に関わる者は、安全のために全員ヘルメットをつけることになっている。当日、キリンたちが警戒したり驚いたりしないよう、白いツヤツヤした物体を頭にのせた人間の姿に少しでも慣れてもらおうと思ったのだ。だからそのほかの飼育員や獣医師など、キリンに関わるすべての動物園スタッフにも着用の協力をあおいだ。

追い込みというのは、板や広げたシートを使って動物を強制的に移動させる方法だ。ミライの場合は、通路に入ったところで旧運動場側の入り口をふさぎ、新しい運動場まで誘導する。警戒心を刺激するこの方法は、自力で歩く引っ越しよりもはるかに精神的なダメージが大きい。もし狭い通路でパニックをおこしたら、ミライと作業をする職員の両方にとってかなり危険だ。

通路のわきに取り付けられている柵は、鉄製とはいえかなりシンプルな構造になっている。従来キリンは穏やかな性質なので、自力で移動するのであれば問題はない。だが冷静さを失った大型動物のパワーの前で、これらがどれくらい持ちこたえられるのかもわからない。

この計画には、京都市動物園の運営とすべてのリニューアル事業の進行、そしてミライとスタッフ全員の安全がかかっていた。

高木は血の気《け》が引いた。

自分は、なんて恐ろしいことをしようとしているのか。キリンの担当飼育員になって十年以上。今までに、これほど恐ろしかったことはない。最大のピンチ、といっても大げさではなかった。

不安要素を少しでも取り除くためには、とにかく上司やスタッフと綿密な打ち合わせを重ねるしかない。誰が、いつ、どこで、どのように動くのか。指示語とタイミングの確認、使用する道具と使い方、ミライの恐怖心をあおらないようにできる工夫、さらに不測の事態についても何パターンか考える。それらを総合して〝ミライの追い込み作戦〟の手順のすべてを何度もシミュレートするのだ。

いよいよ当日の朝、十三名のスタッフがキリン舎の前に集合した。

「皆さん、くれぐれも事故がないように。よろしくお願いします！」

いよいよ始まる。そう思うと、高木は緊張で足が震えそうになった。キリンが驚くので大声は厳禁だ。スタッフそれぞれが持つ無線機を通して、安全確認の声かけをおこなっていく。

通路にはすでに、ミライの好きな葉付きの枝がつけてある。ここで食事をするのはそれほど抵抗を感じなくなっているのだろう、まもなく通路に足を踏み入れていった。

「馬栓棒を入れてください」

高木の指示に合わせて、旧運動場側の通路わきに待機していたスタッフが動きだす。わずか数秒で、通路の入り口が三本の馬栓棒によって閉じられた。

ミライはすぐに異変に気づいたようだ。通路から出られないとわかると、ちょっと慌てている。馬栓棒の下まで、首を下げようとする。どうやらくぐって戻ろうとしているようだ。高木の心臓が高鳴った。これ以上、パニックになったら危険かもしれない……！

ミライは困惑しながら、それでもなんとか平静を保っている様子だった。ここで高木が第二の指示を出すと、馬栓棒の前にブルーシートが広げられた。シートの両側には二メートル程の棒が付けてあり、それを柵の両側にいるスタッフが持ち上げる。キリンの目の高さに合わせてピンと張られたシートが、柵に沿って少しずつ動きだす。そうすればミライを新しい運動場へと誘導できるはずだ。これが当初、高木が考えたプランだった。

しかし、早々に予想がはずれてしまった。シートのインパクトよりも、通路を進む恐怖心のほうが勝っているのだろう。ミライは一歩も前に進むことができない。

作戦変更だ。スタッフが持ち上げている棒を下ろし、今度はブルーシートを足元に張った。そのまま通路に沿って移動させると、ようやくミライは動きだした。おそらく本意ではないのだろう。時々足踏みが入る様子から、嫌々ながら歩いていることが伝わってくる。

「そのまま。慎重に進めてください」

高木はスタッフに声をかけながら、心のなかでミライを励ます。

ミーさん、お願いだから頑張って！

その思いを受けるように、ミライの歩調が急に快調になった。ほんの数歩ではあるがそうなると早い。わずか一瞬のうちにゴールを走り抜け、その瞬間に通路が馬栓棒でふさがれた。

新しい運動場に入ったミライは、あきらかに戸惑っている。自分の意思ではないのだから当然だろう。通路に戻れないことはすぐに悟ったようだが、首を前に倒して周囲の様子をうかがったまま、しばらく立ち尽くしていた。

なんだか、かわいそうなことをしてしまった……。不安そうなミライに、高木は申し訳ない気持ちでいっぱいになった。

ちなみに、このときキヨミズは新しいキリン舎に収容されていたが、子どものシウンは新しい施設に慣れていなかったため旧キリン舎で待機。ミライの追い込みが完了してから作業に入ると、シウンは母親を追うように新しい運動場に移動したのだった。開始から五週間。ともあれすべての動物と人間がケガをすることもなく、ようやくキリン舎の引っ越しが終わったのだった。

＊

約二か月の展示休止を経て、来園者の前に三頭のキリンたちが姿をあらわしたのは十二月初旬だった。新しい施設への引っ越しが終わったが、まだ一部の工事が進行中で、完成は翌年の春の予定。プレオープンというかたちで、新しいキリンの施設が公開されたのだ。

初冬の突き抜けるような清々《すがすが》しい青空に、完成したてのキリン舎が映える。それをバックにスッキリと立つキリンは、ため息が出るほど美しい。久しぶりにキリンに会えるとやってきた固定ファンや一般の来園者などが、思い思いに写真を撮る。なかでも運動場のすぐわきにできた新しい見学通路は、キリンを見下ろすという新鮮な体験ができることから常に多くの人でにぎわっている。新しい施設の評判は上々だった。

しかし、高木の心は沈んでいた。

一時かなり減っていた〝柵嘗め〟が、復活してしまったのだ。原因は、おそらく引っ越しにともなう環境の変化によるストレスだ。

なにしろ運動場が狭いのが問題だった。古い施設を取り壊したあとで敷地をつなげる計画なので、プレオープンのこのときは通常の広さの四分の一程度しかなかった。しかも極端に細長い長方形なので、運動場というより通路をやや広くした感じだ。ここで親子三頭が運動するのは、あきらかに無理がある。工事の工程によっては動物舎から出られない日もあり、ストレスがたまるのが当然という環境だった。

「どうして柵、嘗めているんですか？」

来園者に訊かれるたび、高木は担当飼育員として恥ずかしかった。同時にキリンたちには、申し訳ない気持ちでいっぱいになるのだった。ようやく引っ越し作戦が終了したと思えばこの有様で、キヨミズとミライ、シウンには、大変な思いばかりさせている。

ああ、早く新しい施設が完成してほしい！

三頭の様子を見るたびに、高木は叫び出したくなる。だが実際に今の自分ができるのは、葉付きの枝を与えること、そしてストレス発散に役立ちそうな丈夫な木を柵に沿って取り付けることくらいしかない。それによって少しだけ〝柵嘗め〟は減ったものの、やはり運動スペースが限られているのは厳しかった。

だがさすがは基本的に大らかに育った三頭だ。春、ようやく工事が終了して広い運動場がオープンになると、みるみる常同行動は緩和していったのだった。

＊

しかし、ホッとする暇はない。ミライの四回目の出産予定日が近づいていた。

少々期待していたゴールデンウィークは何ごともなく過ぎて、すでに五月中旬に入っている。過去三回の出産とも、ミライにははっきりとした兆候があらわれていた。出産直前になるとあきらかに食欲が落ちる。さらに陣痛が近くなると歩く時間が増える。痛みが本格的になると、後ろに歩くこともある。

だがこの日のミライは、夕方に与えたペレットをいつもと同じようにペロリと平らげていた。その後も寝室で落ち着いて過ごしていて、まだ兆候は見られなかった。

五月十六日の朝。高木は、通勤で使っている自転車のままキリン舎に直行した。

今回も健康優良妊婦として太鼓判を押されているミライだが、やはり出産には危険がつきまとう。いつ生まれてもおかしくない時期に入ってからは、いつもより少し早めに出勤してミライの様子を見るようにしていたのだ。

動物園の規定で、始業前に動物舎に入ることはできない。窓から確認するため、高木は建物の横へとまわった。

キリン舎は、シンと静まりかえっていた。世界でもっとも背が高い大型動物でありながら、キリンは鳴き声や足音、息を吐く音さえ響かせることはめったにない。彼らはほとんど物音をたてずに、そこにいる。あまりにも静かな、いつもの朝だ。

だから高木は、目の前の光景が信じられなかった。

ミライのかたわらに、小さなキリンがいたのだ。

こぼれそうな大きな目と大きな三角の耳、そして長い首。角はまだ内側に倒れていて、そして四肢もまだ細いけれど、自分の肢でしっかりと立っている。

そこにいるのは、とても立派なキリンの赤ん坊だった。

「生まれてる……!」

だがそれは、誕生というより登場だった。突然あらわれたといったほうがピッタリで、高木はキリン舎の窓の前でしばらく立ちつくした。

キリンの多くは、夕方から朝にかけて出産する。そのため朝、飼育員が出勤したら赤ん坊が乳を飲んでいたというのは、さほどめずらしいことではないと聞いたこともある。だがミライの出産は、過去三回ともに前日から兆候がはっきりとあらわれていたので、高木のなかでは今回もそうなるだろうという思いがあった。それだけに、これには本当に驚いてしまった。

設置してあったカメラを確認すると、赤ん坊が生まれたのは前日、五月十五日の夜九時頃だった。夕方にはまったく兆候がなかったというのに、これにも少し驚いた。まったく出産というのは何がおこるかわからない。

とはいえ幸いにも、母子ともにすごく元気そうだ。赤ん坊は骨格のしっかりとした男の子。寝室内を歩きまわり、お腹がすくと母親のそばに行ってお乳をねだる。落ち着いた様子で子どもを迎えるミライは、さすが四度目の出産だ。ベテランママの風格たっぷりで、赤ん坊の扱いは慣れたもの。

ホッとするのとともに、高木のなかに喜びが押し寄せてきた。

＊

赤ん坊は、ウリュウと名付けられた。

これは京都市左京区にある瓜生山《うりゅうやま》からとった名前だ。高く大きく成長することを願って京都市内の山の名前から選ぶというこの動物園の伝統にのっとって、今回も命名された。

ウリュウが生まれるとわかったときから、高木にはぜひやってみたいことがあった。

それは兄弟姉妹のキリンを一緒に飼育することだ。

いずれの動物園でもキリンは人気動物であり、そして今や稀少動物だ。キリンがいない動物園は珍しくないし、ペアになる相手が見つからないため健康なキリンが繁殖できないところも多い。常に複数の動物園が、新しい個体を確保したいと考えているのだ。

そのためキリンが生まれたことを発表すれば、かならずといっていいほど譲渡に関する相談やオファーが入る。なかには何かのきっかけでキリンが妊娠中である情報を得た動物園が早期にアプローチをして、生まれる前から〝内々に唾《つば》をつける〟ケースもあるという。

大型動物ゆえ、キリンは成獣になるほど輸送が困難になる。動物への負担を考えると、子どものキリンを運ぶのがベストなのだ。移動の年齢はケースバイケースだが、早ければ離乳する一歳前後を目安にタイミングをはかることもある。

実際、キヨミズがここ京都市動物園にやってきたのは一歳半のときだ。その後、ミライとのあいだに生まれたリュウオウは一歳十か月で、オトワは一歳四か月で、いずれもほかの動物園へと旅立っている。

だが高木は、できれば幼いうちに親子を引き離すことはしたくなかった。

離乳しているとはいえ、二歳にも満たないキリンは心身ともにまだ子どもなのだ。彼らは親と一緒に過ごすべきで、特にそれは心の成長のためにはとても大切なことだ。キリンの社会を学ぶことができるし、親の様子から動物園という独特な環境のなかで必要以上に警戒心を募らせなくてもいいと、体験的に理解できるからだ。

シウンにとっては、やがて出産や子育てをするときにも役に立つはず。高木がそう考えるのは、ミライの経歴とも関係がある。彼女は四歳まで両親と妹とともに過ごし、この動物園にやってきた。こちらの心配をよそに、到着したときから堂々とした振る舞いが印象的だった。初めて会ったキヨミズとも、この新しい環境にも自然に馴染んでくれた。まだ性成熟は迎えていなかったが、あのときのミライはあきらかに相応の経験を積んだ大人だった。

出産・子育てについても、これ以上にないほど順調だった。一頭目のリュウオウは活発な腕白坊主タイプ。二頭目のオトワは、体がやや細いノンビリタイプ。そして今、一緒に暮らしているシウンはとてもオープンな性格で、高木が声をかけると嬉しそうに近づいてくる。誕生したときは平均的だった体重も、成長とともに筋肉質になり雌にしてはかなり重量がある。それぞれ個性の違う子どもたちだが、ミライはそれぞれに合った育て方をして、高木は毎回感心させられている。

ミライがごく自然に、そして完璧といっても大げさではない母親ぶりを見せてくれる。それは彼女が四歳になるまで、群れで暮らすという本来のキリンの習性に合った環境で育ったことと深く関係しているのだろうと、高木は考えずにはいられなかった。

だから今回、高木は親子四頭を同時に飼育してみたいと思った。

同時に四頭のキリンを飼育するのは、この動物園にとって二十六年ぶりのことだ。彼らは、どんな社会をつくっていくのだろう？　おそらく姉のシウン、そして生まれたばかりの弟のウリュウにとっては、これから生きていくうえでとても大切な経験ができるはずだ。

*

十四歳の誕生日を迎えたキヨミズは、頭部や角にゴツゴツ、ボコボコとした形状が目立つようになった。これは骨化《こつか》といって、年齢を重ねた雄のキリンに見られる身体変化。オトコの証《あかし》といえるものだが、それでもキヨミズは子どもの頃と同じように穏やかで人《ひと》懐《なつ》っこい。ウリュウにもとても優しく接していて、さすがは〝草食動物のなかの草食男子〟だ。

親子四頭のキリンの同時飼育は、高木にとってもとても貴重な日々になった。

子育て上手な母親と優しい父親のもとで、ウリュウはすっかり安心しきっているのだろう。飼育員に対して警戒心は抱いていないようだが、あまり関心もなさそうで自分から近づいてくることはない。これは個性なのか、それとも親と姉に囲まれた環境ゆえのことなのだろうか？　少しずつでもいいので人間との距離を縮め、リラックスして過ごせるようになればいい、と高木は思う。そうすれば健康管理や万が一治療が必要なときなども、動物にとってのストレスが少なくなるからだ。

とはいえウリュウが、キリンの世界で満足できるのは喜ぶべきことだ。

そして姉弟の関係は、高木が予想していた以上に面白かった。

誕生からウリュウのことを見ていたシウンは、最初から弟を守るべきものと理解したようだ。ウリュウに体力がついて一緒に運動場に出るようになってからは、行く先や行動を見守るようにしている。まるで慈《いつく》しむように首を下げて、鼻先を弟の口先や耳に近づけていることもある。そんな姉に、ウリュウも好奇心いっぱいに首を伸ばす。シウンは、あきらかに姉として振る舞っている。なんとも頼もしく、そして微笑《ほほえ》ましい。高木は二頭から目が離せなくなった。

だがシウンも、まだ幼いキリンだ。母親に甘えたいのだろう、ミライのお腹に顔を近づけることがある。これはキリンの親和行動のひとつだ。

シウンは上の兄姉二頭にくらべて、圧倒的に離乳が遅かった。

キリンの離乳の権限は、あきらかに母親にある。妊娠期間とかぶる場合は、胎児の成長具合と関係があるというのが専門家の見解だ。そのタイミングは、とてもはっきりしている。ある日を境に、お腹の下に首を伸ばす我が子を無視して歩く。「もう充分、飲んだでしょ！」といわんばかりに、キッパリと終わるのだ。

離乳の時期は、子どもによってかなり差がある。一頭目のリュウオウは生後十五か月、二頭目のオトワは生後十三か月だった。だがシウンは、それよりはるかに長い生後十八か月で、ミライが妊娠七か月になるまでお乳をもらっていた。

その影響なのか、それとも年下の弟妹と暮らすキリンによくある現象なのかはわからないが、弟の誕生によってシウンは今までにない行動を見せるようになった。

　室内や運動場でミライがウリュウに授乳しようとするそのとき、シウンの目がキラリと光る。タタターッと走りより、母親と弟のあいだに割り込んでいくのだ。まるで「ダメダメ！　私に断りもなく何やってるのー？」といわんばかり。二頭の引き離しに成功したシウンは、なんだか得意そうだ。

「シーちゃん、そんなことしちゃダメでしょー！」

　見かねた高木がフェンス越しにとがめても、シウンは痛くも痒くもないといった様子。幼少の頃は呼べば嬉しそうにやってきたのに、二歳の誕生日を迎えた頃から気分によって高木を無視することもある。これは成長にともなう、独立心のあらわれなのだろうか。子どものキリンをこの年齢まで飼育するのも初めてなので、高木にとってはこうした変化も面白い。

　授乳の阻止に成功したシウンは、甘えようと母親のお腹に顔を近づけようとする。しかし、そんな娘を相手にするミライではない。無視して歩いていってしまう。一方、ウリュウは意地悪をされていることもわかっていないのだろうか、驚くでも慌てるでもなく、母親と姉の様子をちょっと不思議そうに眺めているのだ。

　それでもシウンは、やはり弟のことがかわいいのだろう。ウリュウが運動場に座って

㊙ キリンの表情

鼻の穴がひらいている

驚いている、興奮している

耳をピンと立てている

気になる音がする、少しだけ警戒している

ほっぺがふくらんでいる

胃から吐き戻したものが口にある
（反芻行動）

耳がたれている

無駄な力を抜いて安心した状態。
あるいは元気がない

顔をあげて
唇をまくり上げている

雌のおしっこなど生理的なニオイを確認する
フレーメン行動

その場で足踏みする

「このあたりで座ろうかな」
と考えている

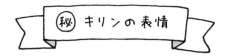

いると、かならずといっていいほどやってきて座る。しかし、たいてい二頭は三メートルくらいの微妙な距離をとっている。団子のように密着する動物が少なくないことを思うと、少し奇妙な印象も受ける。

だがそう感じるのは、キリンの世界観を知らないからだ。

高木がそのことに気づいたのは、二〇一一年の夏に京都市動物園と京都大学関係者が合同でおこなった、アフリカ・タンザニアでの研修旅行に行ったときだった。サバンナで暮らすキリンたちは、それぞれが距離をとりながら、子どもを中心に成獣がそれらを取り囲むようにして過ごしていた。キリンは群れで生きる動物で、そして彼らは、人間が思うよりはるかに広い範囲を、仲間が集まるいわゆるホームとしてとらえていることを知ったのだった。

だから三メートルほどの距離をあけて座る二頭の姉弟は、キリンの世界を基準にすればしっかりと密着していることになるのだろう。

動物にも、心や感情がある。だがいずれも人間にとってわかりやすいものばかりではなく、安易な擬人化は正しい理解をより遠ざけてしまう。なによりキリンは、とても〝無口〟な動物だ。

それでも高木は、キリンの心のなかにあるものを感じないではいられなかった。愛情や慈しみはもちろん、好奇心、状況判断、環境適応能力など賢さの点でも驚かされることは多い。そして時々は、イライラや嫉妬心《しっとしん》をぶつけることもある。彼らは、なんて真っ当で奥深い心を持った動物なのだろう。

幼い姉弟と両親が一緒に暮らせること、そして担当飼育員として彼らとともに過ごすことに高木は幸せをかみしめるのだった。

＊

朝、キリンたちに食事を与えて運動場へと送りだすと、高木はさっそく動物舎の掃除にとりかかる。

高木に新しい担当動物の名前が知らされたのは、二〇一四年の初夏のことだった。あと数週間すれば、新しい担当動物と対峙《たいじ》する生活が始まる。

これほどキリンたちと密接な時間を過ごす日々にも、終わりが近づこうとしていた。

動物舎のフロアには、排泄物が散らばっていた。いずれもコロコロと健康的だがかなりの量だ。これらを熊手で掃き集め、汚れた砂をきれいなものと交換する。

施設が新しくなってからまもなく、床材はこれまで使っていた稲ワラから砂に変更された。稲ワラを使う利点もあったのだが、埃が立ちにくい、キリンたちが歩くときにスリップしにくい、蹄の間にワラ屑《くず》が詰まらないなどの理由から砂を使うことにしたのだ。

キリンたちが少しでも快適に暮らせるように、これまで様々な試みをくりかえしてきた。それが正解だったのか？　彼らはけっして言葉にして答えてはくれない。だが若いカップルが順調に四頭の子どもたちに恵まれたことは、ひとつの結果といってもいいだろう。

キヨミズ一頭を飼育していた頃にくらべると、スタッフの数も増えた。キリン舎の掃除は、二人以上でおこなうようになっている。だがすべてが手作業という点では、高木が担当飼育員になった十二年前と変わっていなかった。

キリン舎は広い。だから飼育員の仕事のほとんどは、掃除といっても大げさではない。だが高木は、この時間が嫌いではなかった。

馬栓棒越しには、運動場にいるキリンたちの姿が見える。長い首を少しだけ前後に動かしながら歩いたり、立ち止まりフェンスの外を見つめたり、葉付きの枝に舌を伸ばしたりしている。反芻するのはリラックスの証拠だ。キリンたちが、それぞれの時間をのんびりと楽しんでいるのが伝わってくる。彼らの姿を見ていると、なぜこんなにも穏やかな気持ちになれるのだろう。

広い動物舎のなかに、熊手がフロアを行き来する音だけがわずかに響いていた。

ここは、本当に静かだ。

エピローグ

環境エンリッチメントという言葉に初めて出会ったのは、今から三年ほど前のことです。

これまで私はペット動物、主に犬と人間に関わることをテーマにしたノンフィクションを何冊か書き、プライベートでも犬と暮らす、公私ともに犬べッタリの日々をおくってきました。収集する情報も犬に関連するものが多く、おそらくそのときも犬の行動学や動物福祉といったことについてインターネットで調べものをしていたのでしょう。関連キーワードをいくつかめぐるうち、ふとたどり着いたのが動物園の飼育現場で使われているというこの言葉でした。

これは、いったい何をさしているのか？　動物園業界にまったく馴染《なじ》みのなかった私が、正確な意味を理解するのには少し時間がかかりました。実際のアプローチ方法はもちろん違うのですが、あえて犬に置きかえれば毎日散歩をしたり、ボールや好みのおもちゃを与えたり、優しい言葉をかけながらスキンシップをとるなど、要するに彼らの日常を充実させる楽しい時間を増やす行為や工夫のことなのだとわかりました。

私が、特に環境エンリッチメントに惹《ひ》かれたのは、すべての動物には心があるという概念が軸になっているところです。この取り組みは、けっして人間側の自己満足ではない。飼育現場に導入することで、動物たちの健康維持や異常行動の緩和に高い効果が出ているという説明は、犬と深く関わっていれば容易に納得できるものでした。

では動物園の飼育現場では、実際にどんなことがおこなわれているのだろう？

その疑問に答え、環境エンリッチメントの面白さと魅力を具体的に示してくれたのがＮＰＯ法人市民ＺＯＯネットワークです。『ペンギン』の章でもふれていますが、これは環境エンリッチメントの普及啓発活動を中心に動物園の飼育環境向上や活性化を応援する団体で、二〇〇二年度から毎年実施している「エンリッチメント大賞」では各動物園で導入されている取り組みの審査・表彰をおこなっています。

同団体の公式サイトでは、過去の受賞施設の取り組みや評価のポイント、受賞者のコメントなどが紹介されているのですが、いずれも生き物への愛情と敬意が伝わってくる内容です。それを読むだけでも各地の動物園に出かけたくなってくる、つまり環境エンリッチメントというのは、そこで暮らす動物と担当飼育員に会いに行きたくなる取り組みなのです。

最近の動物園では、そんなことがおこなわれているのか——。

これまで散歩がてらに動物園に足を運ぶことはあったものの、現場の詳細についてほとんど知らなかった私は、ペットと人間の世界とはまた違った面白さがつまった世界が意外と身近にあることを知ったのでした。

でもそれは、あくまで動物好きにとっての楽しい発見のひとつ。ノンフィクションの題材として取材をすることになるとは、当初は予想もしていませんでした。

ところがあるとき、環境エンリッチメントの存在に注目せざるを得ないことがおこったのです。

冒頭でもふれましたが、私は犬と暮らしています。ミックス種の黒犬の女の子で、名前はマド。体重六キロほどの細身の小型犬で、茨城県動物指導センターに収容されているところを民間の動物愛護団体に保護され、譲渡会を経て我が家にやってきました。正確な年齢はもとより詳しいプロフィールはまったく不明なのですが、おそらくこれまで過酷な経験をしたのでしょう、わずかな音にも驚いて跳び上がるほどの超ビビり犬でした。

それでも家族として時間を重ねて一年ほどしたら、超ビビりも普通のビビりくらいになってきて、彼女なりにリラックスした家庭犬らしい行動を見せてくれるようになったのです。

そんな頃、新しい犬用ベッドを購入することになりました。我が家にやってきた当初から、私の仕事机のわきを彼女の定位置にしていたのですが、ようやく家のなかを自由に歩きまわるようになってきたので、リビングにもひとつ専用の場所をつくろうと思ったのです。

マドは、普段から人間用のソファやベッドなど高さのある場所を好みました。そこに座るときは、背もたれや畳んで置いてある羽布団などにギュウギュウと背中を押しつけます。ビビり犬ゆえ、おそらく見晴らしが良く背後が守られた状態が心地いいのだと思います。さしあたって家のなかに危険はないはずなのに、なぜそこまで？ というのは、あくまで飼い主である人間の感覚でしかありません。犬という動物の行動や心理、さらに彼女独特な物のとらえ方があって、そのフィルターの先にはまったく別の世界が広がっているのでしょう。

そんなマドが安心できる場所をつくるため、私は数々の取材や経験から得た知識と想像力を総動員してマドの好みをあらゆる角度から検証。さらにペット用品を扱うインターネットサイトをくまなくチェックしました。

こうして、ようやく見つけたのはソファ型の犬用ベッド。足付きでやや高さがあり、背もたれまでついていて、これこそマドのためにつくられたものだと思いました。予算はかなりオーバーしましたが、リビングに置いても違和感ないデザインで、人間も五歳児以下なら使用に耐えられるとのこと。丈夫で長く使えるならむしろお買い得と考え、購入を決めたのです。

しかし、結果は惨敗。マドは、犬用ベッドをまったく使おうとしませんでした。

座面から背もたれにかけて、彼女の好きな洗いざらしのバスタオルを広げてみてもダメ。抱っこで乗せても、すぐに飛び降りて逃げていってしまいます。新しいものに慣れるためには、多少の時間がかかって当然だろう。そう考えてしばらく様子を見ていたのですが、犬用ベッドはあいかわらず無視されたまま。ただし存在そのものには慣れたらしく、ときおりベッドの前のフローリングで気持ち良さそうにくつろいでいるではありませんか。

子ども時代の多くを犬と暮らし、実家を出てから迎えた犬とは約十八年を濃密に過ごし、そしてマドと出会って一年近く。我が愛犬のことを理解することにかけてはある程度の自信を持っていただけに、私は飼い主として積み上げてきたものが、ガラガラと崩れるような感覚におそわれました。

ああ、動物を理解するというのはなんて難しいのだろう！

そのときに頭をよぎったのは、環境エンリッチメントのことでした。

動物たちの日常を快適にするため、楽しい刺激を増やす工夫をするというけれど、いったい何をどうやったら、動物たちが快適で楽しいと思える環境をつくることができるのだろう？　そもそも何を基準に動物たちの好みを判断するのだろう？　それを仕事にすることと、組織のなかで結果につなげていくとはどういうことなのだろう？

共に暮らして一万年以上といわれ、人間にもっとも親しい動物の犬でさえ、その好みを理解するのに苦労している飼い主がいる一方で、動物園の飼育員が対峙《たいじ》するのは日常生活のなかでまず接触することのない動物がほとんどです。そんな彼らの好みや本音を理解するのは、間違いなく至難の業《わざ》といえるでしょう。

飼育員の仕事がいかに難易度の高いものなのか、私はあらためて気づかされたのです。同時に、私のなかで心躍る予感がみるみる大きくなりました。

動物園には、いまだ知られていない魅力的な職業人の物語があるのではないだろうか——！

エンリッチメント大賞の各受賞施設について詳しく話を聞くために、私はすぐに市民ZOOネットワーク事務局に連絡をとりました。そして各動物園での取材をすすめるうち、予感は確信へと変わっていったのです。

彼らは〝翻訳家〟として、どのように動物たちの幸せな生活をつくっていったのか？それを取材したものが、この四編のリアルストーリーです。

飼育現場を訪ねて知ったのは、動物園で暮らす動物と人間の世界というものが、私の予想より、もっともっと遥《はる》か遠いところにあるということでした。

「深い愛情を感じているし、信頼関係も築けていると思います。でもフェンスも何もないところで、絶対に背中を向けることはできません」

ある動物園で出会ったベテラン飼育員の言葉に、私はハッとさせられました。

動物園にいる多くの動物たちには、人間との接触を基本的に拒否し続けてきた経緯があります。取材中は特別にバックヤードに入れていただく機会もありましたが、そのときは何より動物たちに対して細心の注意を払うことが優先です。彼らは、ペット動物や家畜とは違うのです。頭ではわかっているつもりでしたが、飼育現場にたずさわる人々の日々にふれて、初めて実感を持って理解することができたような気がしました。

また私が犬に関する著作があることから、取材の合間に「私も犬が大好きで」という話になることが何度かあったのですが、そのとき耳にした言葉も忘れることができません。

「犬はいいです。ほろ酔いになろうが、そのまま眠ってしまおうが、まったく身の危険を感じないいんですから。同じ部屋にいて、あれほどリラックスできる動物はほかにいませんよ」

これまで数多くの犬好きと話す機会があり、犬の魅力についてはなかば語りつくしたつもりになっていたのですが、「一緒の部屋でビールが飲めるところがすばらしい」という人に出会ったのは初めてで、この次元で犬という動物を語ることができる動物園の飼育員の仕事というものに、ただただ圧倒されるばかりでした。

今、動物園の飼育員を主人公にノンフィクションを書いています——。

ここ一年ほどのあいだ、出会った人に環境エンリッチメントの効果を含めた話をすると、興味を寄せる人がいる一方で、動物園の存在そのものに抵抗感を示す声を聞くことも少なからずありました。

野生動物を捕獲して檻《おり》に閉じこめることには、もちろん私も反対です。そして日本の動物園では、動物の幸せを思う多くの先人による努力はあったものの、動物本来の生態よりも管理のやりやすさ、つまり人間の都合を優先した飼育方法が長いあいだ続けられてきたという事実もあります。しかし、まだすべてとはいえないものの、動物園の飼育現場はここ十数年で大きく変わってきました。

またワシントン条約などの影響で、多くの野生動物の輸入が難しくなっている今、動物園で飼育される動物の多くは、動物園で生まれた繁殖個体になっています。彼らは野生で暮らす動物と同じ姿をしていますが、そこで生きることは不可能であり、ゆえに野生に放たれることはほぼ百パーセントありません。私たちが動物園で出会う生き物の多くは、動物園で生まれ生涯をそこで暮らす〝動物園動物〟なのです。

ならば今ここで生きる動物たちにとって、ベストな方法を見いだそう。彼らのストレスレベルを限りなく低く、そして心身の健康に良好な刺激をできるかぎり増やす、その方法を追求、実現することで魅力的な動物園をつくっていこう——というのが、この本に登場する〝動物翻訳家〟たちの仕事なのです。

本のなかで物語は完結していますが、もちろん現場では進行形で様々なことが続いています。取材を終えて一年以上たっているところもあるので、ここで各施設の近況を紹介します。

まずは『ペンギン』の埼玉県こども動物自然公園のペンギンヒルズについて。

この施設は、私が取材を終えた当時からもっとも変化があったところといっていいでしょう。かつてプールを安全地帯と認識して暮らしていたペンギンたちですが、今ではすっかり緑の丘に設置した巣がお気に入りになっています。通常の生活サイクルは朝プールサイドに降りてきて、夕方戻るというものですが、よほど居心地が良いのか、今ではエサのとき以外は姿を見せないお籠《こ》もり状態のカップルもいます。さらに野生のフンボルトペンギンと同じように、自力で穴を掘って巣をつくったペアまで出現しています。大きなツツジの植え込みの陰につくった巣で暮らすペアは、そこでこの春に生まれた雛《ひな》を大切に育てています。この雛をふくめ現在は五羽の雛が成長中。エサ以外の有機物とふれたことがなかった〝箱入りペンギン〟は、環境に応じてたくましく変化しているのです。

ペンペンと翌々年に生まれた合計五羽の子どもたちは、立派に成長して、今では大人の仲間入りをしています。ただし性別検査の結果はすべて雄と判明。シングルだった雌とペアになった一羽をのぞき、若い四羽が相手とめぐりあうまでにはまだ少し時間がかかりそうです。

そして現在、四歳になったペンペンは、この施設の不動の人気アイドルとして活躍中。マイペースで堂々としているところは、今も変わりません。ただ仲間との関係は新展開を見せています。孤高のイメージがあったペンペンですが、二歳下のスイムが慕って後をついて歩くようになり、さらにスイムと仲の良かったアンドンも行動を共にすることが増え、現在は若い雄三羽で身を寄せあったり、ふざけるように乗り合う様子が見られるようになりました。

そして、つぎは『チンパンジー』の日立市かみね動物園。

ゴヒチはじめ、ユウ、ヨウとゴウ親子、マツコとリョウマ親子は元気に暮らしています。ゴウは四歳、リョウマは三歳になり、筋肉もかなり発達して運動能力は格段に向上しました。以前は見慣れない物や音がするなど不安なことがあると、一目散に母親のところに駆け寄っていましたが、今では助けを求めることもほとんどなくなりました。普段はひとりで過ごしたり、同世代で遊ぶことが増えています。

マッコは昨年、ヨウも今年の春、出産後に初の発情が見られました。ふたりは母乳を与えていませんが、産後発情の開始には一般的に授乳終了のほか精神的なものが影響しているといわれています。いずれにしても親離れ、子離れがすすんでいるようです。

ゴヒチは変わらずリーダーとして群れを率いています。その息子ユウは体重六十キロと父親を十キロほど超える立派な体格になっていますが、仲良し父子の関係は今も健在です。とはいえユウは、雄であることを周囲にアピールするディスプレーの回数も増加しています。ふたりの中年女性は、今のところゴヒチをたてる態度を崩していませんが、ユウは少しずつ着実に将来のリーダーへの道を歩み続けています。

秋吉台自然動物公園サファリランドの『アフリカハゲコウ』のキンとギンは、背中につけたGPSを使うこともなく、来園者の前でフリーフライトを公開しています。雄のギンの旋回はさらに精度があがり、急旋回は最近の得意技のひとつになっています。ただしそのぶん飛距離が短くなってしまうところが、スタッフとしてはやや悩みどころなのだとか。

日本での飼育がめずらしいアフリカハゲコウだけに、繁殖の期待も高まっていますが、こちらに関しては試行錯誤が続いているようです。ロストした後、しばらく互いに向かい合ってクチバシを鳴らすクラッタリングや毛繕いなど、仲むつまじい様子を見せてくれることもありました。ロストしたことが刺激になった可能性もあると考え、数日隔離してみたり、絶食を試みたこともありましたが、今のところ繁殖行動には至っていません。巣台を以前よりも遠くまで見渡せる高さにリニューアルするなど、彼らにとって少しでも快適な環境をつくる工夫が続けられています。

さて最後に京都市動物園の『キリン』のキヨミズとミライですが、二〇一五年三月に男の子が誕生しました。彼らにとっては第五子で、ゴールデンウィークにおこなわれた投票で名前はアラシに決まりました。京都嵐山《あらしやま》からの命名だということはいうまでもなく、名前に負けない腕白坊主として元気に成長中です。

その前年の十一月、キリン舎では出会いと別れがありました。第四子のウリュウが豊《とよ》橋《はし》総合動植物公園に移動して、新しい生活をスタートさせています。生まれてすぐに公開されるなど、常に人と近い距離で飼育されたウリュウは、引っ越し先でもノビノビ大らかに成長中です。それとほぼ入れ替わりに雌のメイが名古屋市の東山《ひがしやま》動物園からやってきました。誕生日はウリュウと三日違いで、やがて成長してからキヨミズとのあいだに新たな命を授かることを目指しています。

そして十二年にわたりキリン舎の担当をしてきた高木直子さんは、現在、ツシマヤマネコの飼育という新たな仕事に取り組んでいます。国の天然記念物の飼育・繁殖という新たなミッションのなか奮闘中です。

これら四つのリアルストーリーは、いずれもエンリッチメント大賞の受賞施設が舞台になっています。この本を書くにあたり、市民ZOOネットワーク事務局スタッフ、特に理事の大橋民恵《おおはしたみえ》さん、落合知美《おちあいともみ》さん、綿貫宏史朗《わたぬきこうしろう》さんには多くのご協力をいただきました。各施設の状況はもちろん、動物園業界の基礎知識から関連資料の収集、執筆に関することまで数々のアドバイスをいただきました。

また『動物園にできること「種《しゅ》の方舟《はこぶね》」のゆくえ』の著者であり、エンリッチメント大賞の設立時から審査委員をされている作家の川端裕人《かわばたひろと》さんには、ここ十数年における動物園の状況や変化について貴重なお話をうかがいました。

各施設での度重なる取材については、本文に登場された方をはじめ多くの動物園内外の関係者や専門家からもご教授、ご協力をいただきました。本文中の敬称略をお詫《わ》びするとともに、心から感謝申し上げます。

集英社文芸編集部の江口順一さん、中山慶介くんには、企画段階のリサーチから、取材、連載原稿の執筆、書籍化に至るまで大変お世話になりました。

この取材を通じて知ったのは、動物園で暮らす動物たちを理解するために創意工夫すること、それを仕事にすることの難しさと面白さでした。動物好きの私にとって取材と執筆の日々は、まさにワクワクと発見の連続で、この本を手にとっていただいた方とは、まずはそんな気持ちを共有できたら著者として嬉《うれ》しく思います。

我々人間とまったく違う世界観のなかで生きる動物たちは、〝究極の他者〟ともいえる存在です。そんな彼らと対峙するコミュニケーション能力をそなえた動物翻訳家の仕事は、誰にでもできるものではありません。人間中心の社会のなかで、彼らの能力は特別なのです。

でも、こうも思うのです。

それでは身近な相手であれば、同じ世界観のなかで生きているといいきれるのか？　理解するのはたやすいことなのだろうか？

家庭や学校、職場、あらゆる交友の機会のなかで、互いに理解して円滑な関係を築きたいというのは、多くの人の共通した思いです。そんな我々にとって、動物園の飼育現場に大きな変化をもたらした、豊かな想像力や感受性、寛容性の実例の数々には、意外にも日常を快適にするヒントが数多くかくされているのではないか——。

この本を書き終えた今、そんな考えもあながち大げさではないと感じています。

二〇一五年八月

片野ゆか

文庫版あとがき

本書が単行本として発行された二〇一五年当時、環境エンリッチメントという言葉を口にしてもたいていの人に「それは、なに？」という顔をされました。もしそうでないのなら、その人は間違いなく動物園関係者。この言葉は、それくらい限られた世界でしか使われていない用語のひとつでした。

それがペット動物の世界にも広がりはじめたのは、その翌年の春くらいからでしょうか。犬のしつけの専門家のあいだでも、環境エンリッチメントに着目したトレーニングの重要性について語られることが少しずつ増えていったのです。

ペット動物の世界でも動物園の飼育現場と同じように、犬や猫などの習性や個体の好みに合わせて生活環境を整えてあげようという考えはもちろん存在していました。しかし、動物園の動物たちにくらべると、ペット動物たちは人間の生活や都合にあわせることが可能な、言ってみれば〝無理がきく〟存在です。

特に犬たちの許容範囲は広く、寝床やトイレの場所、食事の内容、細かい生活ルールに至るまで、かなりの要素を受け入れることが可能です。そのため犬のしつけの世界では、人間と犬がお互いに楽しく暮らす方法を教えるという目的をかかげながら、実際は人間の都合を押し付ける内容のトレーニングがいまだ多数派という状況が続いています。

しかし、環境エンリッチメントという概念が少しずつ浸透することによって、ドッグトレーニングの世界もわずかながら変化してきています。

たとえば犬の嗅覚は、視覚にくらべてはるかに発達しています。聴覚だって相当なものですが、おそらく嗅覚は彼らにとって情報収集の要といってもいいでしょう。それなのにこれまでの家庭犬たちは、散歩の途中で地面や草むら、電柱などを嗅ぐ行為をしつけと称して禁止されていました。

その理由は何なのか？　拾い食いなどが原因の事故から愛犬を守るためというものも一部にはありますが、そのほとんどは飼い主の体面を保つためといっていいでしょう。かっこわるい、恥ずかしい、愛犬に勝手な行動をさせていると他人から思われたくないというものです。

しかし最新の動物行動学をもとにしたドッグトレーニングの世界では、嗅覚を存分に使う時間を確保することに、大きなメリットがあることもわかってきました。実際、犬本来の欲求が満たされることによって、散歩時の強い引っ張りなどの問題行動が緩和するといった例もあります。

また脳への刺激という点では、高齢犬のケアでも大きなメリットが指摘されています。体力が落ちて長距離の散歩ができなくなったとしても、毎日外に出て様々なにおいを嗅ぐことによって心身の健康維持や老化を遅らせる効果があるというのです。犬の嗅覚が発達していることを考えれば容易に納得できることですが、こうした発想は、動物本来の習性を考える環境エンリッチメントという概念がなければ、なかなか認められなかったのではないかと考えています。

さらに興味深いのは、猫のトレーニングが出現したことです。

猫を飼っている、または一緒に暮らした経験のある読者の方は、おそらく今「そんなこと無理！」と思ったはず。犬と猫は違う。猫に何かを教えることなどできない、むしろトレーニング＝芸をさせるというイメージから抵抗感を抱いている方もいるかもしれません。

でもここでいうトレーニングは芸ではありません。主な目的は、猫たちの毎日を楽しく、同時に余計なストレスを感じることなく生活させることです。事故や病気から身を守るために完全室内飼育がスタンダードになった今、猫たちの生活は単調になりがち。それを補うということでは、動物園の動物たちに実施するエンリッチメントに近いといえるかもしれません。動物園の多くの動物たちと違うことは、飼い主との交流が猫たちにとって大きな喜びという点です。飼い主が積極的に遊び相手になることによって猫たちの退屈を解消して、お互いの関係がより深まる効果があるといわれています。

　またもうひとつのメリットは、動物病院などで必要以上に怖い思いをさせないで検査や治療をおこなうこともできるようになるというものです。食事や住環境がよくなったことで猫の寿命が長くなるなか、晩年にストレスなく投薬などができれば彼らのクオリティ・オブ・ライフは確実に向上します。

　実際、動物園の飼育現場では環境エンリッチメントの一環として、猫と同様のメソッドを基盤にしたハズバンダリートレーニングと呼ばれるものが導入されています。それによってホッキョクグマやライオン、トラなどの猛獣たちの採血を麻酔無しでおこなうことに成功しています。また高齢のジャガーにトレーングをおこなった結果、檻《おり》の隙間から自ら前肢を差し出させて爪を切ることが可能になった例もあります。麻酔などのリスクをかけずに定期的な健康診断やケアができることが、彼らの健康や命が守られるという大きなメリットにつながることはいうまでもありません。

　猫にトレーニングなどできるの？　と半信半疑の方も多いと思いますが、科学的なトレーニングの方法を理解すれば誰にでも可能です。書籍や専門家によるインターネットサイトもあるので、もし気になった方は検索してみてください。

　さてここからは本文のなかに登場した、四つの動物園の最新情報についてお伝えしたいと思います。

最初は、埼玉県こども動物自然公園の『ペンギン』です。

ペンギンヒルズでは毎年順調に新しい雛《ひな》が生まれて、現在のペンギン総数は三十五羽に増えています。二〇一四年までに生まれた雛は雄のみだったのですが、その後は雌が増えて新たに三つのペアが誕生して、営巣地はますますにぎやかになっています。

大人のペンギンのあいだでは、ちょっと面白い現象がおこっています。それは何組かのペアが、同時に二つの巣を所有していること。日によって滞在する巣が違うのは、おそらく風の向きや気温、湿度の変化によって快適なほうを選んでいるのではないかと推測されています。

この施設のアイドル、ペンペンも毎日元気いっぱいで過ごしています。我が道を行くキャラクターは健在で、ペンペンより後に生まれた弟分たちがペアをつくる一方で、いまだ独身を貫いて（？）います。さりげなくお立ち台の上にいるなど、フォトジェニックな構図がわかっているのではという行動で来園者へのアピール力にはさらに磨きがかかっている様子です。

ペンペンや若いペンギンたちの動きに誘発され、ペンギンヒルズの群れは全体的に動きが活発になりました。プールサイドや営巣地はもちろん、遊歩道にもズンズンと出ていって歩きまわる個体が増えています。なかでも見どころは〝ペンギン道〟で、これは世界レベルでも希少な光景です。朝は開園前の時間にプールに降りてくるので、来園者が見るなら夕方四時くらいがチャンス。ペンギンたちが列を連ねて緑の山に帰っていく姿は一見の価値ありで、ペンギンのすみかにおじゃまするというムードがますます濃くなっています。

さてつぎは、日立市かみね動物園で暮らす『チンパンジー』について。ここ二年間での一番の変化は、これまでリーダーだったゴヒチが座を退き、息子のユウがアルファの雄としてトップになったことです。

チンパンジーの群れのルールは厳しく、通常アルファが交代するときには激しい戦闘の末に決着をつけることがほとんどです。トップの座から下ろされた雄は徹底的にやられ、その後は群れからも離れてしまうこともあるといいます。

しかしゴヒチとユウは、穏やかにしてスムーズな世代交代を果たしました。すでに体格はユウのほうが大きかったのですが、群れのメンバーからの信頼度はゴヒチのほうが上。そうしたなかで分別のある父親が、優しいキャラクターの息子に立場を譲るというかたちで平和的に解決したのです。気の優しいユウは高齢の父親の毛繕いをするなど、仲良し親子の関係は今も健在です。

〝懐の深いヒト〟として有名なゴヒチと、そのDNAを引き継いだ息子のユウだからこそ実現したレアなケースとして、この交代劇はチンパンジーの飼育者や研究者など専門家のあいだでも注目されています。

もうひとつの大きな変化は、ここチンパンジーの森に新メンバーが加わったことです。現在九歳の雌のイチゴは、二〇一六年十月にかみね動物園にやってくるまで群れのなかで暮らした経験がありませんでした。母親から育児放棄され人工哺育で育った彼女は、チンパンジー社会の言葉やルールを知らないまま成長しました。いじめの対象になる要素を持つイチゴに、マツコとヨウの女性たちの対応は荒っぽくなりがち。また遊び盛りのリョウマとゴウも、好奇心むきだしで近づいていきます。対してイチゴは、どうしていいかわからずオロオロするばかり。

そんなイチゴをかばったのは、ゴヒチでした。すでにリーダーはユウになっていましたが、こうした場面で活躍するところはさすが人格者。女性たちもゴヒチには一目置いているので、彼の言うことには素直に従いました。

そのおかげでイチゴは少しずつ環境に慣れ、やがて群れのメンバーとも少しずつコミュニケーションがとれるようになってきました。六歳で女の子盛りのゴウはお姉さんができたような感覚で嬉《うれ》しいのでしょうか、今では一緒にいることが増えてきてますます群れに馴染《なじ》んだ姿が見られるようになってきました。

秋吉台自然動物公園サファリランドの『アフリカハゲコウ』のキンとギンは、元気に秋吉台の大空を飛び続けています。その後、フリーフライトには新しいメンバーが加わり、名称を「サファリ・ダイナミックフライト」にして内容がバージョンアップしました。

南米原産の小型のタカの仲間ハリスホーク（和名はモモアカノスリ）はさすがは猛禽《もうきん》類《るい》です。人間の足では数分かかる起伏のある土地を数秒で飛び越えてしまうパワーと敏《びん》捷性《しょうせい》、なにより大空を飛翔する姿は凜《りん》とした美しさと迫力があります。空中にエサを仕込んだルアーを投げあげると足でキャッチする姿も見せてくれるなど、飼育担当のスタッフとの息もピッタリです。

フワフワで真っ白の羽毛が特徴のメンフクロウは、神秘的でありながら愛らしさ抜群です。至近距離から真っ黒な大きな瞳で見つめられたら、誰もが笑顔になってしまうはず。そんなメンフクロウのフリーフライトは、羽音をほとんどさせないスタイルで、なるほど森のなかでネズミなどの獲物に気づかれることなく近づく姿はこういうものなのかと本来の能力にも感心させられます。

実はこのフリーフライトでは、もう一羽とても個性的な仲間が活躍していました。ヘビクイワシは華やかなオレンジに縁取られた目と長い脚が特徴で、手塚治虫の『火の鳥』のモデルという説もある鳥です。最大の特徴は、ヘビをキックして仕留めるという独特なスタイルの狩り。二〇一六年の初夏から飼育スタッフと信頼関係を築きながらトレーニングをすすめ、二〇一七年春からフライトメンバーの一羽として、ゴム製のヘビを使用して獲物を捕獲する様子を披露してくれていました。長い脚で真剣にヘビをキックする姿は、華やかで精悍《せいかん》な第一印象とはまた違う、ちょっとユーモラスな一面を感じさせます。来園者のあいだに笑いが生まれるという点では、メンバーのなかでも独自の人気を集める存在でした。

そのヘビクイワシが死亡したのは、この「文庫版あとがき」を書くために現地を訪ねる数日前のことでした。息を引き取ったのは、食欲が落ちたことにスタッフが気づいてわずか二日後です。多くの動物は体調が悪化しても周囲に気づかれないようにするものですが、あまりに突然の死に飼育担当スタッフのショックは大きなものでした。解剖もされましたが、死因ははっきりとはわかりませんでした。

「今、フライトチームはどん底です。健康管理をはじめ改善できることを整理して、スタッフ全員で勉強し直したいと思っています」

と言うのはチームリーダーの佐藤梓さんです。いわゆる芸を見せるショーではなく、鳥本来の魅力的な姿を来園者に見てもらいたい。その目標のもとで飼育やトレーニングにたずさわってきて十年余り。それでもいまだ手探りの要素は多いのです。

今、佐藤さんが思いおこすのは、キンがロストしたときのことです。

「あのときもチームはどん底でした。それでもあれから試行錯誤をくりかえして、アフリカハゲコウのフライト公開の再開にこぎつけました。あれを乗り越えたメンバーが一緒なら、今回の経験もかならず今後に活《い》かしていけると思います」

そんな話のあと、数年ぶりに目にしたキンとギンのフライトはさすがのド迫力でした。翼を広げると二・五メートル近くにもなる大型の鳥が、スタッフとコミュニケーションをとりながら大空を何度も旋回する姿に、やはり彼らはフリーフライトの主役だと感じたのです。

鳥が空を飛ぶ――。あたりまえでありながら、これほど雄大な姿の鳥たちに出会えるのは全国の動物園のなかでも唯一ここだけです。久しぶりにキンとギンの美しい飛翔を目のあたりにして、今後この場所でさらなる〝前代未聞な何か〟が実現されるに違いないと思ったのでした。

そして最後は、京都市動物園の『キリン』について。

二〇一六年、ミライは六頭目の赤ちゃんを出産しました。雄で名前はヨシダです。命名は京都市左京区の吉田山からで、京都大学にゆかりのある京都で知らない人がいない名山です。同園職員が考えた三つの候補から、来園者投票によってダントツの得票数で決定しました。今は成長も順調な健康優良児のヨシダ、五番目に生まれた雄のアラシ、そして二〇一五年に名古屋の東山動物園からやってきた雌のメイが運動場で元気な姿を見せてくれています。

もっとも大きな出来事は、今年（二〇一七年）三月にキヨミズが生涯を閉じたことです。京都市動物園の人気者の死は、地元の新聞でも大きくとりあげられました。年齢を重ねるとともにキヨミズは、関節の炎症が頻繁に発生していました。飼育員は懸命にケアしていましたが歩行にも支障が出る状態で、動物舎内で転倒して頭を強打したことが死因と報道されました。

しかし、長年キヨミズの飼育を担当していた高木直子さんの見解は、それとは違っていました。もともとキヨミズは消化器系が弱く、健康優良児とはほど遠い状態でした。生涯を通じて、むしろ絶好調の日が何日あったのか？　というのが現場で長年世話をしていた彼女の印象でした。

それでもキヨミズは、気候が良くてリラックスしているときは地面に座ることもありました。しかし死の数日前からは、まったく座らなくなっていました。それはおそらく、一度座ってしまったら再び立つ体力がないと自分で判断していたからなのでしょう。休ませてあげたいと思っても、こうなると人間の力ではもうどうすることもできないのです。

キヨミズが死亡したのは夜間のこと。そのときの画像を何度も再生して検証した高木さんは、つぎのように説明しました。

「キヨミズは、その場に崩れ落ちるような倒れ方をしていました。もしかしたらそのとき、すでに逝っていたのかもしれません」

高木さんがキヨミズと出会った頃、あまりに病弱なので十歳まで生きるのは難しいかもしれないと思ったこともあったといいます。しかし実際は十七歳まで生きて、六頭もの子どもを遺《のこ》したのです。

「あのカメラに写っていたのは、立派に天寿をまっとうしたキヨミズの最期の瞬間だと思っています」と高木さんは話します。

本書が単行本として発行されたとき、一般の読者のみならず動物園の飼育現場で働く現役の獣医師や飼育員など、多くのプロの方にも読んでいただくことができました。そこから全国各地の動物園で働く方々と縁がつながり、今も各地の動物園で挑戦中のエンリッチメントについて話を聞いたり、最新情報を画像付きで送っていただくなどの交流が続いています。

そうしたなかであらためて驚いたのは、動物飼育に関わる人々が各園の枠を超えて実に活発に交流しているということでした。特に二十〜三十代の若い世代の飼育員のみなさんは、忙しい仕事の合間をぬってお互いの職場を訪問しあったり、全国各地から集まって勉強会を開いたりと本当に仲がいい。情報交換をかねた酒席で、動物について熱く語り合う姿は実に楽しそうで、同時にプロとしての貪欲さに頼もしさを覚えました。

こうした交流は、今に始まったことではなく彼らの先輩のさらに上の世代から続く動物園業界の伝統です。自分が担当する動物の生活の質を少しでも向上させたい。その意識のなかで良い情報があれば皆で共有して、それぞれが工夫して、その結果をまた報しあう。日本の動物園の現場は、そんな流れに支えられ発展しているのです。

動物園に行っても、動物が寝てばかりでつまらない。なんだか動物がかわいそうな感じがしてイヤだな――。そんな昔ながらのイメージの動物園が、今もゼロになったわけではありません。それでも日本の動物園が、この本が出た当時とくらべてもっともっと面白くなっていることは確実です。

環境エンリッチメントのキーワードとともに、変化を続けていく動物園。そこには癒しとホノボノとした笑い、そして大人の知的好奇心を満たす何かが存在します。この本が、新しい動物園の魅力に出会うきっかけになれば嬉しく思います。

二〇一七年十月

片野ゆか

本書に登場する動物園

※本書発行時点での情報となります。詳しくは各動物園にお問い合わせください。

ペンギン

埼玉県こども動物自然公園	
所在地 電話番号	〒355-0065 埼玉県東松山市岩殿554 TEL:0493-35-1234
開園時間	午前9時30分〜午後5時（入園は1時間前まで） ※11月15日〜2月10日は午前9時30分〜午後4時30分
休園日	月曜日（月曜日が祝日の場合は開園）※1月は月・火曜日休園の時もあり 年末年始（12月29日〜1月1日）
入園料	大人（高校生以上）510円 小人（小・中学生）210円 ※小学校就学前の方は無料

チンパンジー

日立市かみね動物園	
所在地 電話番号	〒317-0055 茨城県日立市宮田町5丁目2-22 TEL:0294-22-5586
開園時間	午前9時〜午後5時（入園は45分前まで） ※11月〜2月は午前9時〜午後4時15分
休園日	年末年始（12月31日・1月1日）
入園料	大人（高校生以上64歳以下）510円 ※65歳以上の方は無料 小人（4歳以上中学生以下）100円

アフリカハゲコウ

秋吉台自然動物公園サファリランド	
所在地 電話番号	〒754-0302 山口県美祢市美東町赤1212 TEL:08396-2-1000
開園時間	サファリゾーン 午前9時30分～午後5時（入園は45分前まで） ※10月～3月は午前9時30分～午後4時30分
休園日	年中無休
入園料	大人（中学生以上）2400円　小人（4歳以上）1400円 シニア（65歳以上）2100円

キリン

京都市動物園	
所在地 電話番号	〒606-8333 京都府京都市左京区岡崎法勝寺町岡崎公園内 TEL:075-771-0210
開園時間	午前9時～午後5時（入園は30分前まで） ※12月～2月は午前9時～午後4時30分
休園日	月曜日（月曜日が祝日の場合はその翌平日） 年末年始（12月28日～1月1日）
入園料	600円 中学生以下 無料

参考資料

『いま動物園がおもしろい』市民ZOOネットワーク著（岩波ブックレット、二〇〇四年）

『市民ZOOネットワーク　NEWS LETTER』vol.1～35（市民ZOOネットワーク、二〇〇一年～二〇一三年）

『動物園にできること「種の方舟」のゆくえ』川端裕人著（文春文庫、二〇〇六年）

『ペンギン、日本人と出会う』川端裕人著（文藝春秋、二〇〇一年）

『緑のマンハッタン「環境」をめぐるニューヨーク生活《ライフ》』川端裕人著（文藝春秋、二〇〇〇年）

『ペンギンの世界』上田一生著（岩波新書、二〇〇一年）

『ペンギンのしらべかた』上田一生著（岩波科学ライブラリー、二〇一一年）

『動物園マネジメント　動物園から見えてくる経営学』児玉敏一、佐々木利廣、東俊之、山口良雄著（学文社、二〇一三年）

『生まれ変わる動物園　その新しい役割と楽しみ方』田中正之著（DOJIN選書、二〇一三年）

『大人のための動物園ガイド』成島悦雄編著（養賢堂、二〇一一年）

『野生との共存　行動する動物園と大学』羽山伸一、土居利光、成島悦雄編著（地人書館、

二〇一二年）
『動物園革命』若生謙二著（岩波書店、二〇一〇年）
『日本一元気な動物園　旭山動物園８年間の記録』多田ヒロミ、ザ・ライトスタッフオフィス編著（小学館、二〇〇五年）
『動物と向きあって生きる　旭山動物園獣医・坂東元』坂東元著　あべ弘士絵（角川学芸出版、二〇〇六年）
『〈旭山動物園〉革命　夢を実現した復活プロジェクト』小菅正夫著（角川 one テーマ21、二〇〇六年）
『戦う動物園　旭山動物園と到津の森公園の物語』小菅正夫、岩野俊郎著　島泰三編（中公新書、二〇〇六年）
『揺れる動物園 挑む水族館　存在意義を問い続けた130年』清水量介著（ダイヤモンド社［電子版］、二〇一三年）
『動物の値段　満員御礼』白輪剛史著（角川文庫、二〇一四年）
『モモタロウが生まれた！』黒鳥英俊著（フレーベル館、二〇〇一年）
『動物園を楽しむ99の謎』森由民著（二見文庫、二〇〇八年）
『ひめちゃんとふたりのおかあさん　人間に育てられた子ゾウ』森由民著（フレーベル館ジュニア・ノンフィクション、二〇一一年）
『約束しよう、キリンのリンリン　いのちを守るハズバンダリー・トレーニング』森由民

著（フレーベル館ジュニア・ノンフィクション、二〇一三年）
『キリマンじゃろ』みなみがたのぶよし著（広島市みどり生きもの協会、二〇一四年）
『ヒヒ通　ヒヒ山通信』みなみがたのぶよし著（広島市動植物園・公園協会、二〇〇九年）
『動物たちの昭和史Ⅰ　戦争の影をひきずったスターたち』中川志郎著（太陽選書、一九八九年）
『動物たちの昭和史Ⅱ　夢と希望を与え続けたアイドルたち』中川志郎著（太陽選書、一九九二年）
『動物の歴史』ロベール・ドロール著　桃木暁子訳（みすず書房、一九九八年）
『動物感覚　アニマル・マインドを読み解く』テンプル・グランディン、キャサリン・ジョンソン著　中尾ゆかり訳（日本放送出版協会、二〇〇六年）
『動物が幸せを感じるとき　新しい動物行動学でわかるアニマル・マインド』テンプル・グランディン、キャサリン・ジョンソン著　中尾ゆかり訳（ＮＨＫ出版、二〇一一年）

参照サイト

市民ＺＯＯネットワーク　http://www.zoo-net.org/
ＳＡＧＡ（アフリカ・アジアに生きる大型類人猿を支援する集い）　http://www.saga-jp.org/

解　説

田向健一

物心がついたころから動物好きで、動物を扱った本を読むのは私の大切な趣味の一つだ。新刊は常にチェックし、動物に関連するものなら手当たりしだいに読んでいる。しかし、最近は最後まで読むに堪えうる、心から面白い！　と思える本は少なくなったなあ、と感じていた。

もちろん、自分の好みが変わってきたということもあるだろうけれど、最近の動物系ノンフィクションの傾向として、動物を安易に擬人化したり神格化したり、一方的に可哀《かわい》相《そう》な対象として描き、読み手の心を扇動するかのような本が増えたような気がしていた。

だから、数ページ読んだだけで、なんだかちょっと自分の好みとは違うな、と本を閉じてしまうことも多い。動物の生理学的、生態学的な観点からすると、そういった人間寄りの表現に対して少々食傷気味になっていたからだ。

一方、片野さんの本というと『愛犬王平岩米吉伝』（小学館）を代表とする詳細な文献の調査をもとに書かれた伝記や、『ゼロ！　熊本市動物愛護センター10年の闘い』（集英社文庫）のように殺処分という難しいテーマで、センチメンタリズムに流されず、現場で起こっている事実を偏りなく描いた丁寧な取材の作品が思い浮かぶ。

そうした作品は、動物たちに対して変な感情移入をせず、関わる人間たちの心理描写はまるで自分自身に起きていることであるかのようで、いつもワクワク、ドキドキさせられる。動物と人間に対する視線は心地よいバランスが保たれており、読んでいて違和感を全く覚えない。昔から私もファンの一人だった。

ところが、『動物翻訳家』というタイトルで片野さんが本を出したのを知って、驚いたと同時に読んでもいないのに落胆した。

タイトルから察するに誰か（翻訳家）がいて、その人が動物の心を読み取り、人間の言葉を当てはめ都合のいいように解釈する、おそらく……〝スピリチュアル的な〟話なんだろうと。

ファンとはいえ、いやファンだからこそ正直手に取るのがとても怖かった。しかし、その不安は本をパラパラっと一瞥《いちべつ》して、すぐに杞憂《きゆう》であることに気づいた。やっぱり、こうでなくっちゃ。心の中で謝った。片野さん、変な邪推してすみませんでした、と。

本書の登場人物は、動物と対話が出来ると謳《うた》うようなアニマルコミュニケーターでもヒーラーでもない。ただ、動物のことを想《おも》い、行動に目を凝らし息遣いに耳を傾け、動物園と動物たちのおかれた現状を改善していきたい、打破したいという心意気ある飼育員さんと動物たち、そして動物園再生の物語だ。

自己紹介が遅れたが、私は獣医師で動物病院の院長をやっている。診療対象は犬猫だけではなく、いわゆるエキゾチックアニマルと呼ばれる珍獣も扱っている。毎日、実にさまざまな動物とさまざまな症例がやってくる。三センチのアマガエルの骨折、カメの膀胱《ぼうこう》結石、子宮ガンのハリネズミ、食欲がないアリクイ……。動物種でいえば百種類は超えている。

獣医師は動物のことならなんでも知っていると思われるかもしれないが、恥ずかしながら実はそうではない。いままで一度も見たことも、診《み》たこともない動物が来院することも決して珍しくない。

そんなときは、分類学上近縁な動物から推測したり、犬猫の基本的な治療の考え方を応用したり、工夫して頭をひねり、葛藤や不安に苛《さいな》まれながら治療にあたる。

本書のそれぞれのエピソードに描かれる、飼育員の苦悩と試行錯誤、落胆、うまくいった際の大きな喜びは、手前みそであるが私が日々診療の中で感じるものと同じ匂いがする。現場にいるかのような気持になって、飼育員さんたちを応援しながら本を読み進めた。

現状を改善するということは、実際にはなかなか大変なものだ。なにもこれは動物園に限ったことではない。学校であっても会社であっても、小さなグループであっても、長年続けてきたことを、新たな視点をもって変えていくことは本当に難しい。

何をするにしても少なからずリスクを伴う。リスクを飲み込み従来の壁を破ることが、今よりより良くなるだろうことだと分かっていたとしても、一歩を踏み出すには大きな勇気が必要だ。

それが人間相手でも難しいのに、ましてや相手は野生動物。現状を変えていくことで、もしかして、動物が死んでしまうかもしれない、喧嘩《けんか》をするかもしれない、新しい施設を受け入れないかもしれない、そんなリスクが付きまとう。動物園にとってはもっとも避けたいリスクである。

そして、現実には想定外というか、案の定というか次々に事件が起きてしまう。

箱入りペンギンの枝の誤飲による死、新しい運動場までたった七メートルの距離さえも思慮深いキリンにとっては不安な道でしかなく、そこを通過するのに二カ月も時間を要する。

さまざまな過去を背負って、それによって培われたそれぞれのチンパンジーの性格。集団生活を送るサル社会では、個々の性格が直接的に行動に反映される。人間関係、いやサル関係の間にはどんなに経験を積んだ飼育員でも立ち入ることができない。

動物に対して安易な擬人化はしない主義だけれど、そこで見えてくるサル関係は、まさに人間関係の写し鏡のようにも見える。

一番印象的だったのは、野鳥であったアフリカハゲコウにゼロからトレーニングを行い世界初のフリーフライトを成功させたことだ。そんなことが可能なんだと正直驚いた。しかし、動物は悪い意味でも期待を裏切る。不幸にも起きてしまったロスト。しかし、五百キロメートル離れたところで、奇跡的に発見される。無事保護できたシーンには、そんなドラマみたいな出来過ぎた話があっていいのかと思いつつ、飼育員さんたちの胸中を察したら大げさではなく涙が出そうになった。

そのロストによってフリーフライトは中止になるんだろうな、と確信したが、園長の「鳥は、飛ぶものです」という英断でその後も継続する。

すべてのエピソードを通じて、動物たちは簡単には人間の思いどおりにならないことをきちんと教えてくれる。そして、飼育員さん、そこに関わる人たちの、それにあきらめず現状を変えていきたい、動物たちに喜びを与えていきたいという魂が行間から伝わってくる。

本書冒頭にもあるが、行ったことがない人はいない、と断言できるほど動物園は日本人であれば誰しも一度は訪れる場所。いうまでもなく私は動物園が大好きで、中学、高校、大学生のデートでも、子どもをもつ大人になった今でも、適当に理由をみつけては訪れ、結局年に数度はかかさず訪れている。

私のようにずっと動物園が好きな人もいれば、小学生の頃は好きだったのに物心がついてから、大人になってからはなんとなく行かない、という人がいる。なぜ子どものときは好きだったのに、動物嫌いでもないのに、むしろ動物好きと言いつつ、なんとなく行かなくなるのか。「大人になっても行く派」の私にとって長年の疑問でもあった。この問いに関し、仲間に聞いても、誰からも納得できる返答は得られなかった。

プロローグにある言葉を借りると、「少なくともそこにいる動物たちから幸せな空気を感じることは難しい。そんなチクリとした想いを抱く人が増えていったことも、人気の低迷に深く関係していたのでしょう」。

「チクリとした思い」という表現に私は目が覚めた。そうか、多くの人たちが大人になる過程において、檻《おり》の中の退屈そうな動物を想像すると意識的なのか無意識的なのかはわからないけれど、心のどこかに小さな棘《とげ》のようなものが刺さるんだ。だから、動物園から足が遠のいてしまうのだ。

動物園好きを自称する手前、思考停止してきたのか鈍感なのか、幸か不幸か、私はその棘が刺さらずに今まで来ることができた。そして、「チクリ」という言葉をもって長年の疑問の答えに気づき腑《ふ》に落ちたのだ。

言葉は重要である。人と人の関係は言葉を使うことによって、コミュニケーションをとり、より共通の感情を共有しやすくなる。例えば、ゾウという言葉ができる前、ゾウを表現しようとすれば、「鼻が長く耳が巨大で時に優しく時に破壊的な四つ足の動物」ということになる。しかし、ゾウという言葉、名前が付けば、そこに「ゾウ」としての共通認識が生まれることになる。

本書の中心となるテーマ、〝環境エンリッチメント〟も言葉にすることがその後の大きな変化のきっかけとなる。

本書を読む前に環境エンリッチメントという言葉を知っていた人は少ないかもしれない。「エンリッチメント大賞」を選考している市民ZOOネットワークによると、環境エンリッチメントとは、「動物福祉の立場から、飼育動物の〝幸福な暮らし〟を実現するための具体的な方策」であり、簡単に言えば、「動物たちが少しでも快適に毎日をすごせるように」という飼育員さんの気持ちによって重ねられた工夫の数々ということになる。

二十年ほど前、私は大学二年の夏休みに二週間ほど動物園へ実習に行ったことがある。飼育員さんに一日密着しお手伝いをする実習だった。朝の餌づくりから始まり、野外の運動場に動物を送り出し、排泄物《はいせつぶつ》をかき集め、敷ワラの交換。時間を見つけては傷んだ動物舎の修繕。そして、夕方になると、その逆で動物を室内に入れ、餌を与え、運動場の掃除。

毎日ほぼ変わりなく行われるルーチンワークにも見えるが、実際には、どの飼育員さんも動物の目の輝きや、行動、排泄物のかすかな変化を感じとり、動物たちが少しでも健康で快適に過ごせるようにいつも考えている姿があった。

もちろん、当時は環境エンリッチメントという言葉は使われていなかった。環境エンリッチメントという言葉の出現によってまず飼育員たちの意識に変化が現れ、動物たち本来の生息環境の再現や行動学的、生理学的欲求を解消するための方法論を具体的に考えるようになった。

その結果、動物園の動物たちにとって、環境エンリッチメントは人間と動物の間を埋める共通言語として機能することとなった。そういった意味で、飼育員さんたちを動物翻訳家と称した片野さんの言葉のセンスにはただただ脱帽させられる。

ということで、本書を読み終える頃には心のどこかにあった棘がいつの間にか消えて、動物園へ行きたくなっているに違いない。遠慮はいらない。書を捨て、動物園に向かおう。そこにいる動物たちのありのままの姿を観察して欲しい。いままでと違った動物たち、動物園が見えてくるに違いない。

（たむかい・けんいち　獣医師）

本書は、二〇一五年十月、集英社より刊行されました。

初出　集英社WEB文芸「レンザブロー」二〇一四年八月〜二〇一五年八月

本文イラスト　窪田実莉（文平銀座）

写真協力　「ペンギン」……埼玉県こども動物自然公園
「チンパンジー」……日立市かみね動物園
「アフリカハゲコウ」……秋吉台自然動物公園サファリランド
「キリン」……京都市動物園

集英社文庫

動物翻訳家《どうぶつほんやくか》 心《こころ》の声《こえ》をキャッチする、飼育員《しいくいん》のリアルストーリー

2017年11月25日 第1刷 定価はカバーに表示してあります。

著 者 片野《かたの》ゆか

発行者 村田登志江

発行所 株式会社 集英社
東京都千代田区一ツ橋2-5-10 〒101-8050
電話 【編集部】03-3230-6095
【読者係】03-3230-6080
【販売部】03-3230-6393(書店専用)

印 刷 大日本印刷株式会社

製 本 大日本印刷株式会社

フォーマットデザイン アリヤマデザインストア マークデザイン 居山浩二

ISBN978-4-08-745666-0 C0195